T0226356

Parameterextraktion bei Halbleiterbauelementen

Peter Baumann

Parameterextraktion bei Halbleiterbauelementen

Simulation mit PSPICE

4. Auflage

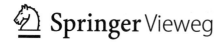 Springer Vieweg

Peter Baumann
Hochschule Bremen
Bremen, Deutschland

ISBN 978-3-658-43820-3   ISBN 978-3-658-43821-0 (eBook)
https://doi.org/10.1007/978-3-658-43821-0

Die Deutsche Nationalbibliothek verzeichnet diese Publikation in der Deutschen Nationalbibliografie; detaillierte bibliografische Daten sind im Internet über https://portal.dnb.de abrufbar.

Planung/Lektorat: Alexander Grün
Springer Vieweg ist ein Imprint der eingetragenen Gesellschaft Springer Fachmedien Wiesbaden GmbH und ist ein Teil von Springer Nature.
Die Anschrift der Gesellschaft ist: Abraham-Lincoln-Str. 46, 65189 Wiesbaden, Germany

Das Papier dieses Produkts ist recyclebar.

Vorwort zur 4. Auflage

Das vorliegende Lehrbuch umfasst die Parameterextraktion von Halbleiterbauelementen wie Dioden, Transistoren, Feldeffekttransistoren und Operationsverstärker. Ein besonderes Kapitel stellt die Parameterextraktion von Sensoren dar. Dabei geht es um die Erfassung von Temperatur, Feuchte, Licht, Druck und von Gas-Kenngrößen. Es ist faszinierend, dass man anstelle des Standard-Widerstandswertes „1k" oder des Standard-Kapazitätswertes „1n" eine in geschweifte Klammern gesetzte Gleichung auch mit nicht elektrischen Kenngrößen einsetzen kann.

In dieser Auflage wurden die Ausführungen zu bipolaren Transistoren um den Abschnitt „Streuparameter-Analysen zum HF-Transistor" ergänzt. Unter Einbezug dieser Vierpolparameter werden HF-Leistungsverstärkungen bis in den Giga-Hertz-Bereich analysiert. Es erfolgen Gegenüberstellungen von HF-Kenngrößen des reinen Chip-Transistors zu einem im Gehäuse eingebetteten Transistor. Im Kleinsignalmodell des HF-Transistors wird eine SPICE-gerechte spannungsgesteuerte Stromquelle verwendet. Das abschließende Kapitel behandelt die Parameterextraktion von multikristallinen, monokristallinen und Dünnschicht- Silizium-Solarzellen.

Herrn Reinhard Dapper, Programmleiter im Verlag Springer Vieweg danke ich für die Förderung und Unterstützung zu dieser Auflage.

Mein besonderer Dank gilt Herrn M. Ed. Matthias Wessel für die Bearbeitung und Strukturierung des Manuskripts nach den Vorgaben des Verlages sowie für die Realisierung des Sachwortverzeichnisses.

Bremen, Deutschland
im November 2023

Peter Baumann

Inhaltsverzeichnis

Halbleiterdioden

1

Zusammenfassung

Dieses Kapitel befasst sich mit der Ermittlung von SPICE-Modellparametern der Schaltdiode 1N 4148, der Kapazitätsdiode MV 2201 und der Z-Diode 1N 750. Für die Extraktion der statischen Parameter, der Kapazitätskenngrößen und der Z-Spannung nebst Z-Strom wird das Programm MODEL EDITOR verwendet. Die Parameterextraktion zeigt die Rückgewinnung derjenigen Parameter, mit denen die im Programm PSPICE verwendeten Halbleiterdioden ursprünglich modelliert wurden.

1.1   Dioden-Modell

Zum Dioden-Modell nach Abb. 1.1 gehören die folgenden Elemente:

- das Dioden-Schaltsymbol zur Kennzeichnung der inneren Diode D_i
- der Serienwiderstand R_S als Summe der p- und n- Bahnwiderstände
- die bei Sperrpolung bestimmende Sperrschichtkapazität C_j
- die bei Durchlasspolung vorherrschend wirksame Diffusionskapazität C_d

Die Spannung U liegt über der Sperrschicht, während U_F die angelegte Durchlassspannung ist.

Es gelten die Zusammenhänge nach [1–3]:

Durchlassstrom

$$I_F \approx I_S \cdot e^{\frac{U}{N \cdot U_T}} \, ; U = U_F - I_F \cdot R_S \tag{1.1}$$

© Springer Fachmedien Wiesbaden GmbH, ein Teil von Springer Nature 2024
P. Baumann, *Parameterextraktion bei Halbleiterbauelementen*,
https://doi.org/10.1007/978-3-658-43821-0_1

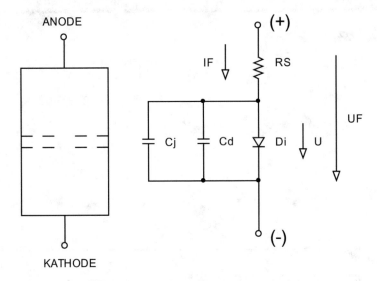

Abb. 1.1 pn-Übergang und dynamisches Großsignal-Dioden-Modell

Sperrstrom

$$I_R \approx I_S + I_{SR} \cdot \left(1 + \frac{U_R}{V_J}\right)^M \; ; U_R = -U \tag{1.2}$$

Durchbruchstrom

$$I_{BR} = I_{BV} \cdot e^{\frac{U_R - BV}{N_{BV} \cdot U_T}} \; ; U_T = \frac{k \cdot T}{e} \tag{1.3}$$

Diffusionskapazität

$$C_d = \frac{T_T \cdot I_F}{N \cdot U_T} \tag{1.4}$$

Sperrschichtkapazität bei $U \leq F_C \cdot V_J$

$$C_j = \frac{C_{JO}}{\left(1 + \frac{U_R}{V_J}\right)^M} \tag{1.5}$$

Sperrschichtkapazität bei $U > F_c \cdot V_J$

$$C_j = C_{JO} \cdot \left(1 - F_C\right)^{-(1+M)} \cdot \left[1 - F_C \cdot (1+M) + M \cdot \frac{U}{V_J}\right] \tag{1.6}$$

Tab. 1.1 SPICE-Modellparameter einer Schalt- und einer Kapazitätsdiode nach [1]

SPICE-Symbol	SPICE-Modellparameter	1N4 148	MV 2201	1N 750
IS/A	Sättigungsstrom	2,682n	13,65p	0,8805f
N	Emissionskoeffizient	1,836	1	1
RS/Ω	Serienwiderstand	0,5664	1	0,25
IKF/A	Knickflussstrom	44,17m	0	0
ISR/A	Rekombinations-Sättigungsstrom	1,565n	16,02p	1859n
BV/V	Durchbruchspannung	100	25	4,7
IBV/A	Strom bei BV	100u	10u	20,245m
TT/s	Transitzeit	11,54n	–	–
CJ0/F	Sperrschichtkapazität bei $U = 0$	4p	14,93p	–
VJ/V	Diffusionsspannung	0,5 V	0,75	–
M	Exponent zu I_R und C_j	0,3333	0,4261	–

Sperrerholungszeit

$$t_{rr} = T_T \cdot \ln\left(1 + \frac{I_F}{I_R}\right) \tag{1.7}$$

Eine Aufstellung der verwendeten SPICE-Modellparameter für die Schaltdiode 1N 4148, für die Kapazitätsdiode MV 2201 sowie für die Z-Diode 1N 750 zeigt die Tab. 1.1.

Die Schreibweise und die verwendeten Maßstabsfaktoren entsprechen den Festlegungen von SPICE.

Der Modellparameter $N_{BV} = 10\,(1\ldots 50)$ gehört zur Durchbruchspannung BV. Der Faktor $F_C = 0,5$ ist einzuführen, um die bei $U = V_J$ auftretende Polstelle in Gl. (1.5) zu vermeiden. Mit U_R wird die Sperrspannung bezeichnet, die Größe V_J entspricht der Diffusionsspannung U_D und U_T ist die Temperaturspannung mit der Boltzmann-Konstante $k = 1,38 \cdot 10^{-23}$ Ws/K und der Elementarladung $e = 1,6 \cdot 10^{-19}$ As. Die Sperrerholungszeit t_{rr} ist mit der Transitzeit T_T verknüpft.

1.2   Statische Modellparameter der Schaltdiode 1N 4148

1.2.1   Simulation der Durchlasskennlinie

Die Durchlasskennlinie $I_F = f(U_F)$ wird von den Modellparametern I_S, N, R_S und I_{KF} bestimmt. Diese Kennlinie wird nachfolgend mit der auf der linken Seite des Abb. 1.2 angeordneten Schaltung analysiert.

Analyse DC Sweep, Voltage Source, Name: UF, Start Value: 0, End Value: 1.1, Increment: 1m. Die Kennlinie erscheint über Trace, Add Trace: I(D1), Axis Settings, Y-Axis, User defined: 1pA, Log.

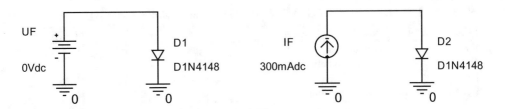

Abb. 1.2 Schaltungen zur Simulation der Durchlasskennlinie der Schaltdiode

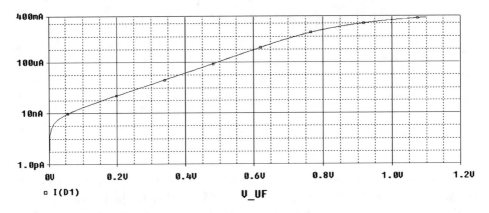

Abb. 1.3 Simulierte Durchlasskennlinie der Schaltdiode 1N 4148

AUSWERTUNG

- Das Simulationsergebnis nach Abb. 1.3 erfüllt im Bereich $U_F = 0{,}4$ V bis 0,6 V die Gl. (1.1). Die Extrapolation der in diesem Abschnitt gegebenen Geraden $\lg I_F = f(U_F)$ auf $U_F = 0$ liefert den Wert des Sättigungsstromes $I_S = \textbf{2.68 nA}$. Die Neigung der Geraden wird durch den Emissionskoeffizienten N bestimmt, wobei N die Werte zwischen 1 und 2 annimmt.

- Für $U_F > 0{,}6$ V tritt zunehmend eine Abweichung vom exponentiellen Kennlinienverlauf ein. Diese Abweichung kommt dadurch zustande, dass sich Einflüsse des Serienwiderstandes R_S (Spannungsabfälle an den Bahnwiderständen) mit denen des Knickstromes I_{KF} (Hochstrominjektion) überlagern. Ein getrennter Nachweis von R_S und I_{KF} erfordert spezielle Rechenprogramme mit einer Kennlinienanpassung durch Iterationsverfahren [3]. Diese Aufgabe wird vom Programm MODEL EDITOR erfüllt.

- In erster Näherung kann die Verringerung des Durchlassstromes gegenüber dem exponentiellen Anstieg jedoch allein mit dem Modellparameter R_S bei I_{KF} gegen unendlich modelliert werden.

Tab. 1.2 Simulierte Wertepaare zur Durchlasskennlinie der Diode 1N 4148

Arbeitspunkt		AP_1		AP_2						AP_3
I_F/mA	0,03	0,1	0,3	1	3	10	30	100	150	300
U_F/V	0,43	0,495	0,547	0,605	0,659	0,723	0,794	0,912	0,969	1,10

- Mit der auf der rechten Seite des Abb. 1.2 angeordneten Schaltung lassen sich Wertepaare zur Durchlasskennlinie über die Arbeitspunktanalyse zusammenstellen wie sie auch durch Messungen gewonnen werden könnten, siehe Tab. 1.2.
- Diese Angaben dienen nachfolgend zur Ermittlung der Modellparameter mit dem Programm MODEL EDITOR von [1].

Analyse Bias Point, Include detailed bias point information for nonlinear controlled sources and semiconductors.

Aus dem Abb. 1.3 werden ausgewählte Arbeitspunkte zur Parameter-Ermittlung bereitgestellt.

1.2.2 Parameterextraktion über MODEL EDITOR

Die Parameterermittlung ist nach [1] wie folgt vorzunehmen:

- Das Programm MODEL EDITOR ist aufzurufen.
- Bei der auszuwählenden Kennlinie „Forward Current" ist über „File, New, Model, New" bei Model die Typenbezeichnung D1N 4148 einzugeben.
- Die Werte von Tab. 1.2 sind in die MODEL-EDITOR-Tabelle zu übertragen.
- Die „aktiven" Parameter I_S, N, R_S und I_{KF} folgen aus „Tools, Extract Parameters".
- Über „Plot, Axis Settings" kann die Durchlasskennlinie mit einer linear oder logarithmisch geteilten Stromachse dargestellt werden.

Die Durchlasskennlinie zeigt das Abb. 1.4.

Die aus dieser Kennlinie mit MODEL EDITOR extrahierten Modellparameter sind folgende:

ERGEBNIS

$$I_S = 3{,}107\,\text{nA};\ N = 1{,}840;\ R_S = 0{,}4586\,\Omega / I_{KF} = 45{,}86\,\text{mA}$$

Wird die Diode mit $R_S = 0$ modelliert, dann erhält man über Model Editor:

ERGEBNIS

$$I_S = 3{,}292\,\text{nA};\ N = 1{,}858\,\Omega / I_{KF} = 100{,}8\,\text{mA}$$

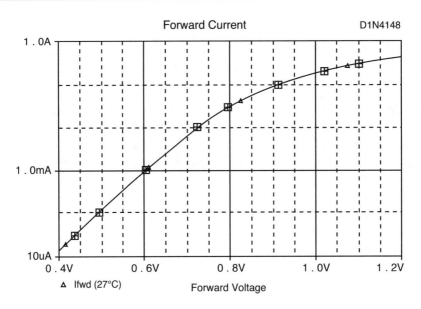

Abb. 1.4 Punktweise erstellte Durchlasskennlinie der Diode 1N 4148 nach MODEL EDITOR

1.2.3 Auswertung mit Gleichungen

Werden zur Simulation der Durchlasskennlinie nur die drei Parameter N, I_S und R_S herangezogen, dann können diese über Handrechnungen nach [4] wie folgt ermittelt werden:

Ermittlung von N und I_S bei niedriger Injektion
Aus den Arbeitspunkten AP$_1$ und AP$_2$ von Tab. 1.2 folgen der Emissionskoeffizient N und der Sättigungsstrom I_S über

$$N = \frac{U_{F2} - U_{F1}}{U_T \cdot \ln\left(\dfrac{I_{F2}}{I_{F1}}\right)}; \quad I_S = \frac{I_{F1}}{e^{\frac{U_{F1}}{N \cdot U_T}}} \tag{1.8}$$

Ermittlung von R_S bei hoher Injektion

$$R_S = \frac{U_{F3} - N \cdot U_T \cdot \ln\left(\frac{I_{F3}}{I_S}\right)}{I_{F3}} \tag{1.9}$$

In der Tab. 1.3 werden die nach den beiden Verfahren ermittelten statischen Modellparameter mit den Angaben aus der Modellbibliothek des Halbleiterherstellers verglichen.

Die Werte von I_S und N liegen für die unterschiedlichen Ermittlungsverfahren in der gleichen Größenordnung.

Tab. 1.3 Vergleich von Modellparametern zur Diode 1N 4148

SPICE-Symbol	MODEL EDITOR	Gl. (1.8 und 1.9)	Modellbibliothek
I_S in nA	3,107	3,162	2,682
N	1,840	1,846	1,836
R_S in Ω	0,459	0,742	0,566
I_{KF} in mA	45,86	–/–	44,17

Der aus MODEL EDITOR ermittelte R_S-Wert fällt deshalb niedriger aus als der über die Gl. (1.9) hervorgehende aus, weil mit dieser Auswertung die Abweichung von der Geraden $\lg I_F = \mathrm{f}(U_F)$ nicht allein auf den Einfluss des Serienwiderstandes R_S, sondern auch auf die mit I_{KF} modellierten Hochinjektionseffekte zurückgeführt wird.

Die Auswertung der Diode 1N 4148 mit einem verschwindenden Serienwiderstand R_S = 0 führt zu einem Anwachsen des Knickstromes I_{KF}.

1.3   Transitzeit der Schaltdiode 1N 4148

1.3.1   Simulationsschaltung

In der Schaltung nach Abb. 1.5 wird die Diode 1N 4148 durch die Pulsquelle U_P vom Strom in
der Durchlassrichtung I_F = 10 mA auf den (sich anfänglich einstellenden) Strom in der Rückwärtsrichtung I_R = 10 mA umgeschaltet.

Die Spannungen der Pulsquelle sind

$$V_1 = U_{F0} + I_F \cdot R; \; V_2 = U_{F0} - I_R \cdot R \tag{1.10}$$

Die vorgegebenen Ströme werden mit der Schleusenspannung U_{FO} = 0,7 V erreicht.

Analyse Time Domain (Transient), run to time: 70ns, Start saving after: 0, Maximum step size: 0,1ns.

Über Trace, Add Trace: I(D3) erscheint das Ergebnis nach Abb. 1.6.

Abb. 1.5 Schaltung zur Simulation der Sperrerholungszeit der Schaltdiode

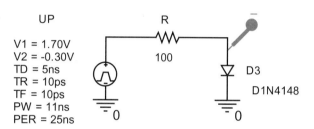

```
UP

V1 = 1.70V
V2 = -0.30V
TD = 5ns
TR = 10ps
TF = 10ps
PW = 11ns
PER = 25ns
```

R
100

D3
D1N4148

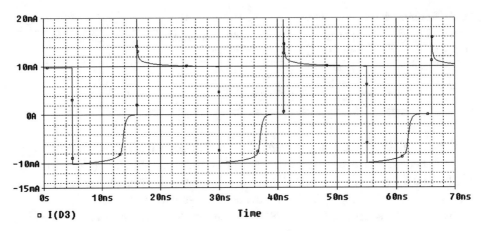

□ I(D3)   Time

Abb. 1.6 Simuliertes Schaltverhalten der Diode 1N 4148

1.3.2 Extraktion der Transitzeit aus der Sperrerholungszeit

- Nach dem Einschwingvorgang entnimmt man die Sperrerholungszeit t_{rr} für den Zeitraum, in dem der Strom von $I_R = -10$ mA auf $I_R = -1$ mA ansteigt, mit $t_{rr} = 7{,}6$ ns.
- Die Transitzeit folgt aus der Umstellung von Gl. (1.7) mit dem Wert $T_T = 11$ ns.
- Bei MODEL EDITOR wird dieser Wert der Transitzeit mit der Kennlinie „Reverse Recovery" und den Eingabewerten $t_{rr} = 7{,}6$ ns, $I_{fwd} = 0{,}01$, $I_{rev} = 0{,}01$ bei $R_I = 100\ \Omega$ bestätigt.
- Aus der Modellbibliothek ist $T_T = 11{.}54$ ns, siehe Tab. 1.1.

1.4 Modellparameter der Kapazitätsdiode

1.4.1 Kapazitätskennlinie

Mit der Schaltung nach Abb. 1.7 können über eine Arbeitspunktanalyse Wertepaare zur Kapazitätskennlinie simuliert werden.

Analyse Bias Point, Include detailed information for Semiconductors.

Abb. 1.7 Schaltung zur
Simulation der Kapazitätswerte

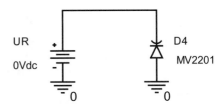

Tab. 1.4 Simulierte Werte zur Kapazitätskennlinie

Arbeitspunkt						AP$_1$	AP$_2$	
U_R/V	0	0,5	1	2	3	5	8	10
C_j/pF	14,9	12,0	10,4	8,58	7,52	6,27	5,24	4,80

Das Simulationsergebnis zeigt die Tab. 1.4. Diese Werte entsprechen denjenigen, wie sie auch mit einem Kapazitätsmessgerät erfasst werden könnten.

1.4.2 Parameterextraktion über MODEL EDITOR

Die Modellparameter C_{JO}, M und V_J gemäß Gl. (1.5) lassen sich mit dem Programm nach [1] wie folgt ermitteln:

- Bei MODEL EDITOR ist die Kennlinie „junction capacity" anzuwählen.
- Die Werte von Tab. 1.4 sind in die MODEL-EDITOR-Tabelle zu übertragen.
- Die gesuchten Parameter folgen aus „Tools, Extract Parameters".
- Die Kapazitätskennlinie $C_j = f(U_R)$ ist über „Plot, Axis Settings" darstellbar und wird in Abb. 1.8 gezeigt.

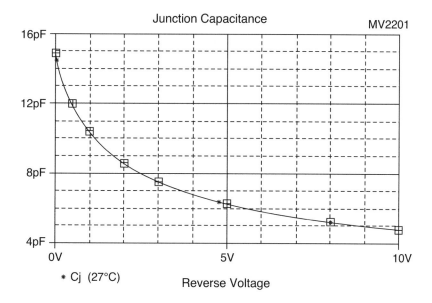

Abb. 1.8 Kapazitätskennlinie der Diode MV 2201 in der Darstellung von MODEL EDITOR

ERGEBNIS

$$C_{JO} = 14,90 \text{ pF}, M = 0,4266, V_J = 0,756 \text{ V}$$

Die extrahierten Modellparameter der Kapazitätsdiode MV 2201 entsprechen weitgehend den Ausgangsdaten von Tab. 1.1.

1.4.3 Rechnerische Auswertung

Eine alternative Parameterermittlung von C_{JO}, V_J und M kann wie folgt vorgenommen werden:

- Die Nullspannungskapazität $C_{JO} = 14{,}9$ pF wird aus der Tab. 1.4 übernommen.
- Für U_{R1}; $U_{R2} > V_J = 0{,}75$ V aus den Arbeitspunkten AP_1 und AP_2 von Tab. 1.4 können der Exponent M und die Diffusionsspannung V_J näherungsweise nach [4] berechnet werden mit:

$$M = \frac{\lg\left(\frac{C_{j1}}{C_{j2}}\right)}{\lg\left(\frac{U_{R2}}{U_{R1}}\right)} \tag{1.11}$$

und   (1.12)

$$V_J = \frac{U_{R2}}{\exp\left[\dfrac{\ln\left(\frac{C_{JO}}{C_{j2}}\right)}{M}\right] - 1}$$

ERGEBNIS

$$M = 0,3818 \text{ und } V_J = 0,55\text{V}.$$

1.4.4 Grafisches Ermittlungsverfahren

Das Verfahren beruht darauf, dass die Funktion $\lg(C_j) = f(\lg(U_R + V_J))$ auszuwerten ist, siehe auch [3]. Die Nullspannungskapazität C_{JO} wird aus Tab. 1.4 übernommen.

- Die Werte von Tab. 1.4 werden in die MODEL-EDITOR-Tabelle von „Junction Capacitance" übertragen. Dabei werden die C_j-Werte nicht der ursprünglichen Sperrspannung $U_R = V_{rev}$, sondern der *Summe* $V_{rev} + V_J$ mit $V_J = 0{,}75$ V zugeordnet, siehe Tab. 1.5.
- Nur bei dem auf diese Kapazitätsdiode zutreffenden Wert von $V_J = 0{,}75$ V ergibt sich für die betrachtete Funktion eine Gerade.

Tab. 1.5 Parameter zur grafischen Ermittlung von C_{JO}, M und V_J

$(V_{rev} + V_J)/V$	0,75	1,25	1,75	2,75	3,75	5,75	8,75	10,75
Cj/pF	14,9	12	10,4	8,58	7,52	6,27	5,24	4,8

Tab. 1.6 Parametervergleich bei der Kapazitätsdiode MV 2201

SPICE-Parameter	MODEL EDITOR	Gl. (1.11 und 1.12)	Abb. 1.9 Gl. (1.13)	Modellbibliothek
C_{JO}/pF	14,9	14,9	14,9	14,9
M	0,4266	0,3818	0,425	0,4261
V_J/V	0,756	0,55	0,75	0,75

- Der Abstufungsexponent M lässt sich mit diesem V_J-Wert wie folgt nach [4] berechnen:

$$M = \frac{\lg\left(\dfrac{C_{JO}}{C_j}\right)}{\lg\left(1 + \dfrac{U_R}{V_j}\right)} \tag{1.13}$$

AUSWERTUNG

Die Nullspannungskapazität C_{JO} sowie die Größen M und V_J aus Abb. 1.8 und Gl. (1.11) sind mit den Werten dieser Modellparameter aus dem MODEL EDITOR sowie mit denen aus der PSPICE-Modellbibliothek zu vergleichen.

ERGEBNIS

Die Tab. 1.6 weist eine annehmbare Übereinstimmung der ermittelten Ergebnisse mit den Parametern aus der Modellbibliothek auf.

1.4.5 Simulation der Kapazitätskennlinie

Die Kapazitätskennlinie $C_j = f(U_R)$ von Abb. 1.8 kann mit PSPICE analysiert werden, indem man die Gl. (1.5) nach U_R auflöst. Die daraus hervorgehende Gl. (1.14) wird in geschweifte Klammern gesetzt und als Wert der Sperrspannung U_R in die Schaltung nach Abb. 1.10 eingetragen.

Es wird also der Festwert der Sperrspannung durch eine Abhängigkeit mittels einer Gleichung ersetzt. Diese Art der Auswertung wurde bereits bei der Modellierung von Sensoren in [5] angewandt.

$$U_R = V_J \cdot \left[\left(\frac{C_{J0}}{C_j}\right)^{\frac{1}{M}} - 1\right] \tag{1.14}$$

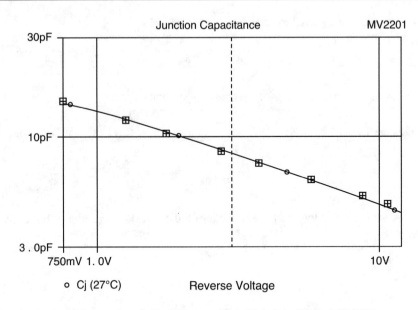

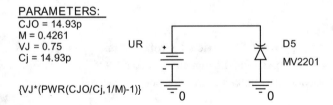

Abb. 1.9 Sperrschichtkapazität als Funktion von $(U_R + V_J)$ bei der Diode MV 2201

Abb. 1.10 Simulationsschaltung zur Kapazitätskennlinie

Das Abb. 1.10 zeigt die zu verwendende Schaltung mit den aus der Bauelementebibliothek stammenden SPICE-Parametern der Kapazitätsdiode MV 2201.

Die Kapazitätskennlinie kann mit den folgenden Analyseschritten simuliert werden:

- Primary Sweep, DC Sweep, Global Parameter, Parameter Name: C_j Start Value: 4p, End Value: 16p, Increment: 0,01p
- Bei der entstandenen Kennlinie ist die ursprüngliche Abszissengröße C_j über „unsynchrone x-Axis, Plot, Axis Settings" in V(UR:+) umzuformen.
- Über „Trace, Add Trace" ist C_j als Ordinatengröße aufzurufen.
- Die Abszisse V(UR: +) ist über „Plot, Axis Settings, x Axis, User defined: 0 to 10 V" entsprechend einzugrenzen.

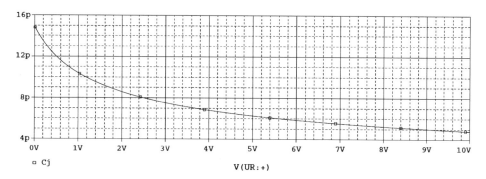

Abb. 1.11 Simulierte Kapazitätskennlinie der Diode MV 2201

Das Simulationsergebnis nach Abb. 1.11 stellt eine *durchgängig* simulierte Kennlinie dar. Diese Kapazitätskennlinie nach Abb. 1.11 entspricht der Darstellung von Abb. 1.8.

1.5   Modellparameter der Z-Diode 1N 750

1.5.1   Z-Kennlinie und differenzieller Z-Widerstand

Mit der Schaltung nach Abb. 1.12 wird die Z-Kennlinie simuliert.

Die Z-Kennlinie von Abb. 1.13 folgt über die Analyse DCSweep für U_R = 4,5 bis 4,8 V. Differenziert man die Kennlinie von Abb. 1.13 und bildet den Kehrwert $1/d$ ($-I(D_1)$), dann erhält man bei U_R = 4,7 V und $I(D_1)$ = 20 mA den differenziellen Z-Widerstand Z_Z = 2,64 Ω.

1.5.2   Extraktion von *BV* und I_{BV}

- Die Kenndaten „Vz = 4,7, Iz = 20m und Zz = 2,64" sind in die Tabelle bei der Kennlinie „Reverse Breakdown" von MODEL EDITOR einzutragen.
- Über „Tools, Extract Parameters" erscheinen die beiden „aktiven Parameter" *BV* und I_{BV}. Für I_{BV} ist „fixed" zu aktivieren.
- Der I_{BV}-Wert ist so lange zu ändern, bis ***BV* = 4,7 V** wird [1].
- Im Ergebnis ist $\mathbf{I_{BV}}$ = **20,245 mA** (wie im vorgegebenen Modell des Herstellers).

Abb. 1.12 Schaltung zu
Aufnahme der Z-Kennlinie

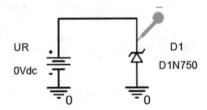

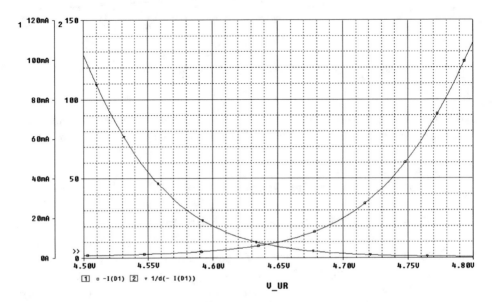

Abb. 1.13 Simulierte Z-Kennlinie

Literatur

1. CADENCE: OrCADPSPICE Demo-Versionen 9.2 bis 16.5
2. Hoefer, E.: Nielinger, H.:SPICe. Analyseprogramm. Springer-Verlag, (1985)
3. Sischka, F.: Notes on Modeling the Bipolartransistor, Hewlett-Packard, (1991)
4. Baumann, P., Möller, W.: Schaltungssimulation mit Design Center, Fachbuchverlag Leipzig, (1994)
5. Baumann, P.: Sensorschaltungen, Vieweg- Teubner, (2010)

Bipolartransistoren

2

Zusammenfassung

Gezeigt wird die Verfahrensweise bei der Extraktion statischer und dynamischer Modellparameter am Beispiel des npn-Bipolartransistors 2N 2222. Grundlage für die Ermittlung der Modellparameter sind das Großsignal- und Kleinsignalmodell des Transistors. Ausgewertet werden sowohl simulierte statische Kennlinien als auch die Frequenzabhängigkeit maximaler stabiler Leistungsverstärkungen.

Besondere Untersuchungen auf der Basis von Streuparametern gelten dem HF-Transistor für den Einsatz im Gigahertz-Bereich. Vorgestellt wird eine Parameterextraktion zum Kleinsignalmodell des Transistors BFR 93A von Infineon.

2.1 Großsignalmodell

Das Großsignalmodell des Bipolartransistors nach Abb. 2.1 enthält als Komponenten:

- Die Diffusionsströme I_{bc} und I_{be} mit dem Sättigungsstrom I_S als verknüpfenden Parameter zur jeweiligen Spannung.
- Die auf Sperrschichtrekombinationen beruhenden Diodenströme I_{bc2} und I_{be2} mit den Sättigungsströmen I_{SC} und I_{SE}.
- Die Stromverstärkungen B_F und B_R für die Vorwärts- bzw. Rückwärtsrichtung.
- Die Bahnwiderstände R_B, R_C und R_E.
- Den Basisladungsfaktor K_{qb} für die Vorwärtsrichtung, mit dem über die Early-Spannung V_{AF} Basisweitenänderungen und über den Knickstrom I_{KF} Hochinjektionseffekte erfasst werden.
- Die Kapazitäten C_{bc} und C_{be}, die jeweils eine Sperrschicht- und eine Diffusionskapazität mit deren SPICE-Modellparametern enthalten.

© Springer Fachmedien Wiesbaden GmbH, ein Teil von Springer Nature 2024   15
P. Baumann, *Parameterextraktion bei Halbleiterbauelementen*,
https://doi.org/10.1007/978-3-658-43821-0_2

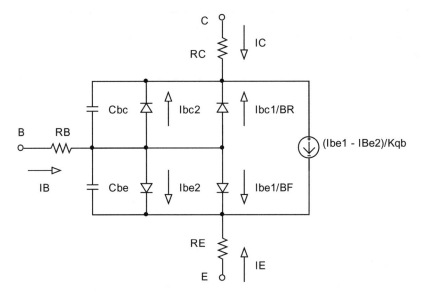

Abb. 2.1 Großsignalmodell des npn-Bipolartransistors

Für das Großsignalmodell gelten nach [1–4] die Beziehungen:

Diffusionsströme

$$I_{be1} = I_S \cdot \left(e^{\frac{U_{BE}}{N_F \cdot U_T}} - 1 \right); I_{bc1} = I_S \cdot \left(e^{\frac{U_{BC}}{N_F \cdot U_T}} - 1 \right) \qquad (2.1)$$

Nicht lineare Diodenströme

$$I_{be2} = I_{SE} \cdot \left(e^{\frac{U_{BE}}{N_E \cdot U_T}} - 1 \right); I_{bc2} = I_{SC} \cdot \left(e^{\frac{U_{BC}}{N_C \cdot U_T}} - 1 \right) \qquad (2.2)$$

Basisladungsfaktor

$$K_{qb} = \frac{1 + \sqrt{1 + 4 \cdot \dfrac{I_{be1}}{I_{KF}}}}{2 \cdot \left(1 + \dfrac{U_{CB}}{V_{AF}} \right)} \qquad (2.3)$$

Kapazitäten

$$C_{bc} = C_{jbc} + C_{dbc}; C_{be} = C_{jbe} + C_{dbe} \qquad (2.4)$$

mit den Sperrschichtkapazitäten

$$C_{jbc} = \frac{C_{JC}}{\left(1 - \dfrac{U_{BC}}{V_{JC}}\right)^{M_{JC}}} ; C_{jbe} = \frac{C_{JE}}{\left(1 - \dfrac{U_{BE}}{V_{JE}}\right)^{M_{JE}}} \tag{2.5}$$

und den Diffusionskapazitäten

$$C_{dbc} = T_R \cdot \frac{I_{bc}}{U_T} ; C_{dbe} = T_F \cdot \frac{I_{be}}{U_T} \tag{2.6}$$

Kenngrößen bei $U_{CB} = 0$

Im Sonderfall $U_{CB} = 0$ und bei so hohem Kollektorstrom I_C, für den die gemessene Stromverstärkung B_N ihr Maximum B_{Nmax} überschritten hat, erhält man den Knickstrom mit:

$$I_{KF} = \frac{I_C^{\,2}}{I_{be1} - I_C} \tag{2.7}$$

und den Kollektor- bzw. Basisstrom zu:

$$I_C = \frac{I_{be}}{K_{qb}} ; I_B = \frac{I_{be1}}{B_F} + I_{be2} \tag{2.8}$$

Der Basisladungsfaktor folgt für $U_{CB} = 0$ aus Gl. (2.2) mit:

$$K_{qb} = \frac{1}{2} \cdot \left(1 + \sqrt{1 + 4 \cdot \frac{I_{be1}}{I_{KF}}}\right) \tag{2.9}$$

Aus den obigen Beziehungen ergibt sich nach [1] und [3] der Zusammenhang zwischen der messbaren Stromverstärkung $B_N = I_C/I_B$ mit der maximalen, idealen Vorwärtsstromverstärkung B_F als SPICE-Modellparameter und dem Knickstrom I_{KF} nach Gl. (2.10), siehe auch die Ausführungen in [5–8].

$$B_N = \frac{1 - \dfrac{I_C}{I_{KF}}}{\dfrac{1}{B_F} + \dfrac{I_{be2}}{I_{be1}}} \tag{2.10}$$

Transitfrequenz

Die für den Verstärker- und Schalterbetrieb bedeutsame Transitfrequenz f_T hängt näherungsweise wie folgt von den o. g. Kenngrößen ab:

$$\frac{1}{2 \cdot \pi \cdot f_T} = T_F + \left(C_{jcb} + C_{jbe}\right) \cdot \frac{U_T}{I_C} + R_C \cdot C_{jbc} \tag{2.11}$$

Tab. 2.1 SPICE-Modellparameter des npn-Kleinleistungstransistors 2N 2222 nach [1]

SPICE-Symbole	SPICE-Modellparameter	Werte der SPICE-Modellparameter	SPICE-Schreibweise der Modell-parameter
IS	Transportsättigungsstrom	14,34 fA	14,34f
BF	Max. Stromverstärkung vorwärts	255,9	255,9
VAF	Early-Spannung, vorwärts	74,03 V	74,03
IKF	Knickstrom, vorwärts	0,2847 A	0,2847
NF	Emissionskoeffizient, vorwärts	1	1
ISE	Sättigungsstrom zu I_{be2}	14,34 fA	14,34f
NE	Emissionskoeffizient zu I_{be2}	1,307	1,307
RB	Basisbahnwiderstand	10 Ω	10
RC	Kollektorbahnwiderstand	1 Ω	1
RE	Emitterbahnwiderstand	0 Ω	0
CJC	Sperrschichtkapazität bei $U_{CB} = 0$ V	7,306 pF	7,306p
VJC	Basis-Kollektor-Diffusionsspannung	0,75 V	0,75
MJC	Basis-Kollektor-Exponent	0,3416	0,3416
CJE	Sperrschichtkapazität bei $U_{BE} = 0$ V	22,01pF	22,01p
VJE	Basis-Emitter-Diffusionsspannung	0,75 V	0,75
MJE	Basis-Emitter-Exponent	0,377	0,377
TF	Transitzeit, vorwärts	411,1 ps	411,1p

Dabei ist T_F die Transitzeit (Laufzeit der Elektronen in der p-Basis) in der Vorwärts-richtung, R_C ist der Kollektorbahnwiderstand und U_T die Temperaturspannung.

Die Bezeichnungen und Werte der bis hierher eingeführten Modellparameter sind in der Tab. 2.1 für den npn-Transistor 2 N 2222 zusammengestellt.

2.2   Extraktion statischer Modellparameter

2.2.1   Kennlinien bei $U_{CB} = 0$

Mit der Schaltung nach Abb. 2.2 werden die Verläufe I_C; $I_B = f(U_{BE})$ sowie von $B_N = f(I_C)$ bei $U_{CB} = 0$ wie folgt simuliert:

Analyse DC Sweep, Voltage Source, Name: UBE, Linear, Start Value: 0,35, End Value: 0,85, Increment: 1m.

Das Simulationsergebnis zu den Kennlinien nach Abb. 2.3 folgt aus:

Trace, Add Trace, IC(Q1), IB(Q1), Plot, Axis Settings, Y-Axis, User Defined: 1 uA, Log

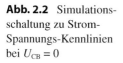

Abb. 2.2 Simulations-
schaltung zu Strom-
Spannungs-Kennlinien
bei $U_{CB} = 0$

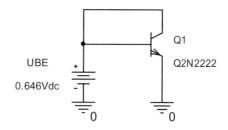

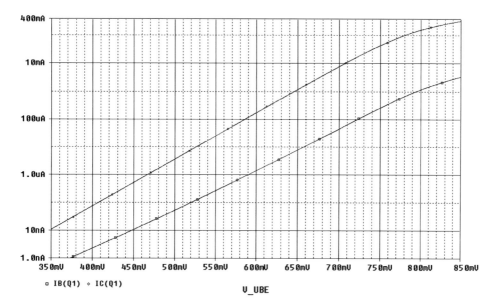

Abb. 2.3 Simulierte Spannungsabhängigkeit des Kollektor- und Basisstromes

Die Abhängigkeit der Stromverstärkung vom Kollektorgleichstrom nach Abb. 2.4 erhält
man, indem die ursprüngliche V_UBE-Abszisse über „Plot, Axis Settings, Axis Variable"
auf IC(Q1) umgewandelt wird.

Die Diagramme von Abb. 2.3 und 2.4 werden nachfolgend dahingehend ausgewertet,
die Sättigungsströme I_S und I_{SE}, die Emissionskoeffizienten N_F und N_E sowie die maximale, ideale Stromverstärkung B_F und den Knickstrom für die Vorwärtsrichtung I_{KF} zu
bestimmen.

Dabei ist zu beachten, dass die (messbare) maximale Stromverstärkung B_{Nmax} stets kleiner als der Modellparameter B_F ist.

Aus einer Arbeitspunktanalyse der Schaltung nach Abb. 2.2 bzw. über Cursor-
Auswertungen der Diagramme von Abb. 2.3 und 2.4 sind in der Tab. 2.2 ausgewählte
Arbeitspunkte des Transistors 2 N 2222 zusammengestellt.

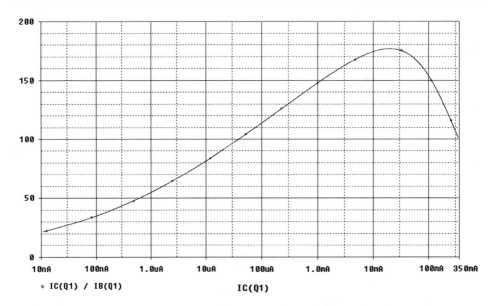

Abb. 2.4 Simulierte Stromabhängigkeit der Stromverstärkung in der Emitterschaltung

Tab. 2.2 Simulierte Kennwerte des Transistors 2N 2222 bei $U_{CB} = 0$

Arbeitspunkte	U_{BE}/V	I_C/A	I_B/A	$B_N = I_C/I_B$
AP$_1$	0,4	$7,466 \cdot 10^{-8}$	$2,266 \cdot 10^{-9}$	32,945
AP$_2$	0,45	$5,16 \cdot 10^{-7}$	$1,068 \cdot 10^{-8}$	48,305
AP$_3$	0,726	$1,99 \cdot 10^{-2}$	$1,127 \cdot 10^{-4}$	176,6
AP$_4$	0,8	$1,59 \cdot 10^{-1}$	$1,16 \cdot 10^{-3}$	137

2.2.2 Parameterextraktion von N_F, I_S, N_E und I_{SE}

Die Auswertung für niedrige Injektion (Arbeitspunkte AP$_1$ und AP$_2$) liefert nach [4]:

Emissionskoeffizient, vorwärts

$$N_F = \frac{U_{BE2} - U_{BE1}}{U_T \cdot \ln\left(\dfrac{I_{C2}}{I_{C1}}\right)} \tag{2.12}$$

ERGEBNIS

$$N_F = 1$$

Sättigungsstrom

$$I_S = \frac{I_{C1}}{e^{\frac{U_{BE1}}{N_F \cdot U_T}}} \tag{2.13}$$

ERGEBNIS

$$I_S = 14,44\text{fA}$$

Emissionskoeffizient der nicht linearen Diode

$$N_E = \left[1 - \frac{\ln\left(\dfrac{B_{N2}}{B_{N1}}\right)}{\ln\left(\dfrac{I_{C2}}{I_{C1}}\right)} \right]^{-1} \tag{2.14}$$

ERGEBNIS

$$N_E = 1,25$$

Sättigungsstrom der nicht linearen Diode

$$I_{SE} = \frac{I_{B1}}{e^{\frac{U_{BE1}}{N_E \cdot U_T}}} \tag{2.15}$$

ERGEBNIS

$$I_{SE} = 9,69\text{fA}$$

Die obigen Werte für N_E und I_{SE} weichen von den Vorgabewerten der Tab. 2.1 ab. Sie sind daher als Anfangswerte zu betrachten.

2.2.3   Abschätzung von B_F und I_{KF}

Die Auswertung der maximalen Stromverstärkung (Arbeitspunkt AP₃) ergibt:

- $B_{Nmax} = I_{C3}/I_{B3} = 176,6$
- $B_F > B_{Nmax}$

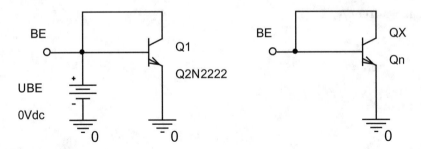

Abb. 2.5 Ausgangslage zur Anpassung des Transistors Q_X an die Basisstrom-Kennlinie von Q2N 2222

Einen Näherungswert zu B_F erhält man über die Arbeitspunkte AP_3 und AP_4 mit

$$B_F \approx B_{Nmax} \cdot \left(1 + \sqrt{\frac{I_{C3}}{I_{C4}}}\right) \tag{2.16}$$

ERGEBNIS

$$B_F \approx 239$$

Die exakte Ermittlung von B_F und I_{KF} nach Gl. (2.10) erfordert aufwendige Iterationsverfahren, die in der Vollversion von MODEL EDITOR angewandt werden [1, 3].

Im Abb. 2.5 wird der Transistor Q2N 2222 mit seinem Modell einem Transistor Q_x gegenübergestellt, der lediglich mit den bisher ermittelten Parametern modelliert wird:

.model QX NPN IS=14,44 f ISE=9,69 f NE=1,25 BF=239

Der Verlauf $I_B = f(U_{BE})$ wird für beide Transistoren im Abb. 2.6 verglichen.

Analyse DC Sweep, Voltage Source, Name: UBE, Linear, Start Value: 350 m, End Value: 500 m, Increment: 10 u, Plot, Axis Settings, Y Axis, User Defined: 1n to 80n, Log, o.k.

Durch eine Anpassung insbesondere der Modellparameter N_E und I_{SE} mit der Verknüpfung über die Gl. (2.14) und (2.15) wird eine verbesserte Annäherung für den Transistor Q_X an die Basisstrom-Kennlinie des Transistors Q2N 2222 erzielt. Diese genaueren Werte von N_E und I_{SE} sind unerlässlich, um B_F und I_{KF} exakt ermitteln zu können.

Die Gültigkeit der Gl. (2.10) wird nachfolgend im Arbeitspunkt AP_3 überprüft. Mit $I_{KF} = 284{,}7$ mA, $B_F = 255{,}9$ aus Tab. 2.1 und $I_{C3} = I_{Cmax} = 19{,}9$ mA bei $U_{BE3} = 0{,}726$ V sowie mit $I_{be1} = 21{,}977$ mA nach Gl. (2.1) und $I_{be2} = 30{,}182$ µA nach Gl. (2.2) erreicht die maximale Stromverstärkung den Wert $B_{Nmax} = 176{,}1$.

Mit der folgenden Modellanweisung wird das Diagramm nach Abb. 2.4 erfüllt:

.model QX NPN IS=14,34 f, ISE=14,34 f, NE=1,307, RB=10, RC=1, BF=255,9,
   IKF=0,2847

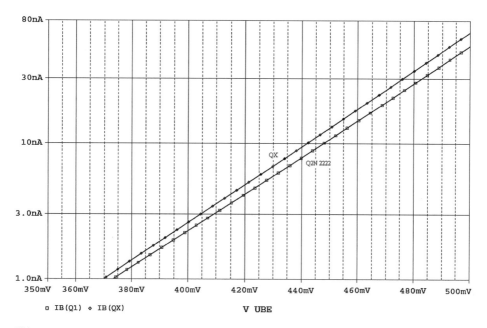

Abb. 2.6 Vergleich der Basisstrom-Kennlinien des Transistors Q_x mit dem Transistor Q2N 2222

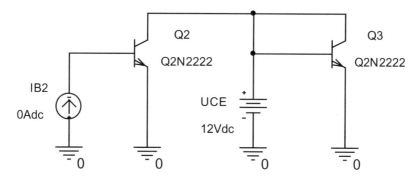

Abb. 2.7 Schaltung zur Simulation von Transistorkennlinien

2.2.4 Ermittlung der EARLY-Spannung V_{AF}

Mit der Schaltung nach Abb. 2.7 werden die Ausgangskennlinien $I_C = f(U_{CE})$ mit I_B als Parameter simuliert. Die Neigung dieser Kennlinien wird mit der EARLY-Spannung V_{AF} als Modellparameter nachgebildet.

Für den Transistor Q_3 wurde schaltungstechnisch der Kurzschluss $U_{CB} = 0$ hergestellt. Somit kann im Ausgangskennlinienfeld mit $I_C(Q_3) = f(U_{CE})$ diejenige Trennlinie simuliert werden, die den Sättigungsbereich ($U_{BE} > 0$; $U_{BC} > 0$) vom aktiv-normalen Bereich ($U_{BE} > 0$; $U_{BC} < 0$) abtrennt.

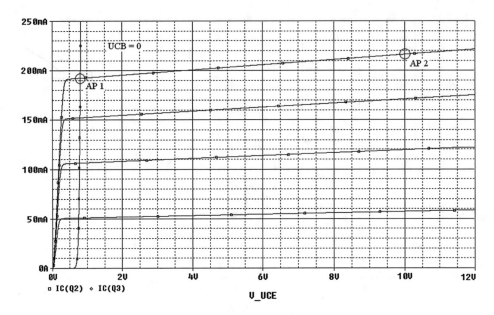

Abb. 2.8 Simuliertes Ausgangskennlinienfeld des Transistors 2N 2222 mit der Trennlinie für $U_{CB} = 0$

Der Basisstrom des Transistors Q_2 wird in der nachfolgenden Analyse unter „Secondary Sweep" als Parameter eingestellt.

Analyse Primary Sweep, DC Sweep, Voltage Source: UCE, Start Value: 0, End Value: 12, Increment: 1 m, Secondary Sweep, Current Source, Name: IB2, Linear, Start Value: 0,3 m, End Value: 1,5 m, Increment: 0,4 m.

Zum Kennlinienfeld nach Abb. 2.8 gelangt man mit den Schritten:

Trace, Add Trace, IC(Q2), IC(Q3), Plot, Axis Settings, Y-Axis, User defined: 0 to 250 mA

Die EARLY-Spannung V_{AF} geht mit Gl. (2.17) aus den Arbeitspunkten AP_1 und AP_2 hervor.

AP_1: $U_{CE1} = 0{,}806$ V; $I_{C1} = 192\ 45$ mA
AP_2: $U_{CE2} = 10$ V; $I_{C2} = 216{,}21$ mA

$$V_{AF} = \frac{U_{CE2} \cdot I_{C1} - U_{CE1} \cdot I_{C2}}{I_{C2} - I_{C1}} \qquad (2.17)$$

ERGEBNIS

$$V_{AF} = 73,66\,\text{V}$$

2.2.5 Ermittlung des Kollektorbahnwiderstandes R_C

In der linken Schaltung von Abb. 2.9 wird die Kollektor-Emitter-Sättigungsspannung U_{CES} für eine konstante Übersteuerungs-Stromverstärkung $B_{\ddot{U}} = 10$ ausgewertet [3, 4].

Analyse DC Sweep, Current Source: IB, Start value: 0,1 m, End value: 4 m, Increment: 1 u, Secondary Sweep, Current Source: IC, Linear, Value List: 15 m, 30 m.

Die Kennlinien $U_{CES} = f(I_B)$ mit I_C als Parameter nach Abb. 2.10 erreicht man nach [3] über:

Trace, Add Trace: V(Q4:c), Plot, Axis Settings, Y-Axis, User defined: 0 to 250 mV.

Aus den beiden Arbeitspunkten für $B_{\ddot{U}} = 10$

- AP_1: $U_{CES1} = 44{,}746$ mV; $I_{C1} = 15$ mA
- AP_2: $U_{CES2} = 61{,}054$ mV; $I_{C2} = 30$ mA

erhält man den Kollektorbahnwiderstand mit der Gleichung für U_{CES} zu

$$\left(R_C = \frac{U_{CES2} - U_{CES1}}{I_{C2} - I_{C1}} - R_E \cdot \left(1 + \frac{1}{B_{\ddot{U}}}\right); R_C = \frac{\Delta U_{CEF}}{\Delta I_C} \right) \tag{2.18}$$

Im Modell des betrachteten Transistors 2 N 2222 ist der Emitterbahnwiderstand $R_E = 0$. Damit entfällt der zweite Term von Gl. (2.18).

ERGEBNIS

$$R_C = 1{,}087\,\Omega.$$

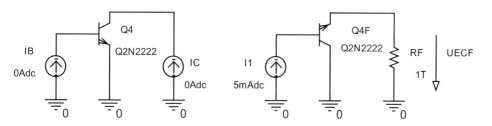

Abb. 2.9 Ermittlung des Kollektorbahnwiderstandes über die Sättigungs- bzw. Floatingspannung

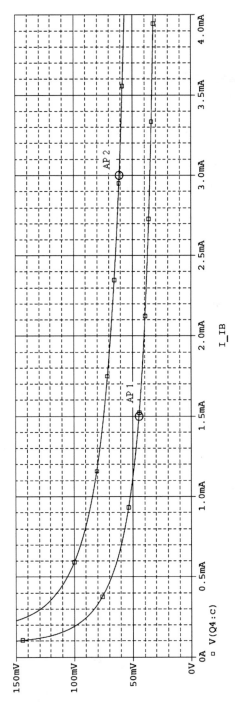

Abb. 2.10 Simulierte Stromabhängigkeit der Sättigungsspannungen U_{CES}

Eine weitere Möglichkeit zur Bestimmung des Kollektorbahnwiderstandes R_C bietet die Auswertung der Floatingspannung U_{ECF} mit der rechts angeordneten Schaltung nach Abb. 2.9. Die Leerlaufbedingung wird in der Simulation mit dem extrem hohen Widerstand R_F nachgebildet. Der Eingangsstrom ist $I = I_B = -I_C$.

Analyse Bias Point, Include detailed information for Semiconductors.

Aus zwei Arbeitspunkten im geradlinigen Bereich der Kennlinie $-I_C = \mathrm{f}(U_{CEF})$ erhält man den Kollektorbahnwiderstand mit der Gl. (2.18).

AP_1: $U_{CEF1} = 5{,}148$ mV bei $-I_C = 5$ mA
AP_2: $U_{CEF2} = 15{,}16$ mA bei $-I_C = 15$ mA

ERGEBNIS

$$R_C = 1{,}0012\,\Omega.$$

Der Eingabewert aus Tab. 2.1 beträgt $R_C = 1\ \Omega$.

2.3 Extraktion dynamischer Modellparameter

2.3.1 Kapazitätsparameter

Für die Schaltungen nach Abb. 2.11 kann eine Arbeitspunktanalyse (Bias Point) durchgeführt werden, mit der die Werte zu den Kapazitätskennlinien der beiden Transistordioden erfasst werden, siehe Tab. 2.3.

Die simulierten Wertepaare von Tab. 2.3 entsprechen solchen, die auch aus Messungen mit einer Kapazitätsmessbrücke gewonnen werden könnten.

AUFGABE

- Die gemessenen Transistorkapazitäten nach Tab. 2.3 sind in die Tabellen von MODEL EDITOR der *Diode* bei „junction capacity" zu überführen.
- Die Kapazitäts-Modellparameter der Kollektor-Basis- und der Emitter-Basis-Diode werden mit „Tools, Extract Parameters" erfasst.
- Die Kapazitätskennlinien sind mit MODEL EDITOR über: Plot, Axis Settings, x-Axis Settings, Data Range: 100 mV to 10 V, Scale: log darzu-stellen. ◀

Die Modellparameter sowie die Kennlinien sind in den Abb. 2.12 und 2.13 dokumentiert.

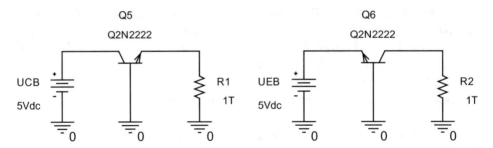

Abb. 2.11 Schaltungen zur Simulation von Transistorkapazitäten

Tab. 2.3 Sperrspannungsabhängigkeit von Kapazitäten des Transistors 2N 2222

U_{CB}/V	0,1	0,3	1	2	5
C_{jcb}/pF	7,00	6,51	5,47	4,69	3,64
U_{EB}/ V	0,1	0,3	1	2	5
C_{jeb}/pF	21,0	19,4	16,0	13,5	10,2

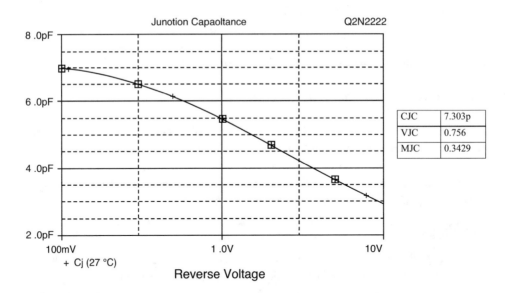

Abb. 2.12 Kapazitätskennlinie der Kollektor-Basis-Diode nebst extrahierten Modellparametern

2.3.2 Kleinsignalmodell

Das HF-Kleinsignalmodell des Bipolartransistors nach Abb. 2.14 geht aus dem in Abb. 2.1 dargestellten Großsignalmodell hervor. Die eingetragenen Werte der Ersatzelemente gelten für den Arbeitspunkt $U_{CB} = 0$ und $I_C = 1$ mA.

Diese Werte wurden insbesondere über die maximale stabile Leistungsverstärkung erfasst.

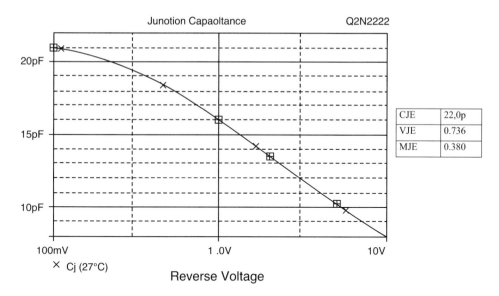

Abb. 2.13 Kapazitätskennlinie der Emitter-Basis-Diode nebst extrahierten Modellparametern

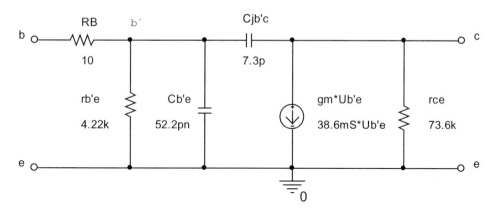

Abb. 2.14 Kleinsignalmodell des npn-Transistors Q2N 2222 bei $U_{CB} = 0$ und $I_C = 1$ mA

Die Leitwertparameter lauten:

$$y_{11e} = \frac{1}{N} \cdot \left(y_{b'e} + j\omega C_{b'c} \right) \tag{2.19}$$

$$y_{12e} = \frac{1}{N} \cdot \left(-j\omega C_{b'c} \right) \tag{2.20}$$

$$y_{21e} = \frac{1}{N} \cdot \left(g_m - j\omega C_{b'c} \right) \tag{2.21}$$

$$y_{22e} = \frac{1}{N} \cdot \left[R_B \cdot j\omega C_{b'c} \cdot \left(g_m - j\omega C_{b'c} \right) \right] + \frac{1}{r_{ce}} + j\omega C_{b'c} \qquad (2.22)$$

Hierfür ist der Nenner N:

$$N = 1 + R_B \cdot \left(y_{b'e} + j\omega C_{b'c} \right) \qquad (2.23)$$

Der Leitwert des Basis-Emitter-Überganges setzt sich wie folgt zusammen:

$$y_{b'e} = \frac{1}{r_{be}} + j\omega \cdot \left(C_{jb'e} + C_{db'e} \right) \qquad (2.24)$$

mit dem Diffusionswiderstand

$$r_{b'e} = h_{21e} \cdot \frac{U_T}{I_C} \qquad (2.25)$$

und der inneren Steilheit

$$g_m = \frac{I_C}{U_T} \qquad (2.26)$$

Mit $r_{ce} = 1/g_{ce}$ wird der Anstieg der Ausgangskennlinien nachgebildet.
Die Aktivität kommt in der Stromquelle $g_m \cdot U'_{b'e}$ zum Ausdruck.

2.3.3   Maximale stabile Leistungsverstärkung

Definition
Die am Rande der Schwingneigung gültige maximale stabile Leistungsverstärkung v_{ps} ist über die Übertragungsparameter gemäß Gl. (2.27) definiert. Diese Leistungsverstärkung ist eine vierpolinvariante Größe und kann somit unter anderem über Leitwertparameter. Hybridparameter oder Streumatrixparameter bestimmt werden [9, 10].

$$v_{ps} = \left| \frac{y_{21}}{y_{12}} \right| = \left| \frac{h_{21}}{h_{12}} \right| = \left| \frac{s_{21}}{s_{12}} \right| \qquad (2.27)$$

Messverfahren
- Die Prinzipschaltung zur Messung von v_{pse} zeigt das Abb. 2.15.
- Das HF-Signal des Generators ist in der Rückwärtsrichtung für die Schalterstellung SR auf den Ausgang zu legen.
- Am HF-Indikator HFI (Vektorvoltmeter) wird eine Spannung im Mikrovoltbereich erzielt.

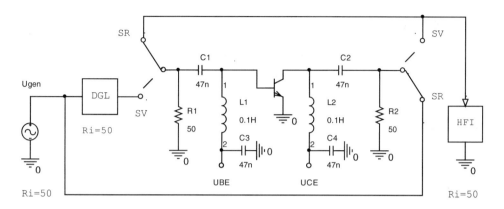

Abb. 2.15 Prinzipschaltung zur Messung der maximalen stabilen Leistungsverstärkung v_{pse}

- Beim Betrieb in Vorwärtsrichtung (gestrichelte Schalterstellung SV) ist das Eingangssignal durch das Dämpfungsglied DGL so einzustellen, dass sich der zuvor erreichte Indikatorwert einstellt.
- Der entsprechende Dämpfungswert entspricht dem Quadrat der maximalen stabilen Leistungsverstärkung.

Berechnung der maximalen stabilen Leistungsverstärkung

Aus der Frequenzabhängigkeit von v_{ps} in Emitter-, Basisschaltung lassen sich Modellparameter wie C_{JC}, R_B und T_F gewinnen.

Die für den Verstärker- als auch Schalterbetrieb bedeutsame Transitfrequenz f_T kann aus der maximalen stabilen Leistungsverstärkung in Kollektorschaltung gewonnen werden.

Mit den Gl. (2.19) bis (2.26) gehen die Beziehungen für y_{21}/y_{12} in den drei Grundschaltungen wie folgt hervor:

Emitterschaltung

$$\frac{y_{21e}}{y_{12e}} = 1 + j\,\frac{g_m}{C_{jb'c}}\cdot\frac{1}{\omega} \tag{2.28}$$

$$v_{pse} \approx \frac{g_m}{C_{jb'c}}\cdot\frac{1}{\omega} \tag{2.29}$$

$$\varphi_{se} = \arctan\left(\frac{g_m}{C_{jb'c}\cdot\omega}\right) \tag{2.30}$$

Basisschaltung

$$\frac{y_{21b}}{y_{12b}} = \frac{g_m}{j\omega R_B \cdot C_{b'c} \cdot g_m + \left(\dfrac{1}{r_{ce}} + j\omega C_{b'c}\right) \cdot \left(1 + R_B \cdot y_{b'e}\right)} + 1 \qquad (2.31)$$

NF-Bereich

$$v_{psb} = g_m \cdot r_{ce} + 1 \qquad (2.32)$$

HF-Bereich

$$\frac{y_{21b}}{y_{12b}} = 1 - j\frac{1}{R_B \cdot C_{b'c}} \cdot \frac{1}{\omega} \qquad (2.33)$$

$$v_{psb} \approx \frac{1}{R_B \cdot C_{b'c}} \cdot \frac{1}{\omega} \qquad (2.34)$$

$$\varphi_{sb} = -\arctan\left(\frac{1}{R_B \cdot C_{b'c} \cdot \omega}\right) \qquad (2.35)$$

VHF-Bereich

$$v_{psb} \approx \frac{g_m}{\left[1 + \left(R_B \cdot C_{b'c} \cdot C_{b'e}\right)^2\right]^{1/2}} \cdot \frac{1}{\omega^2} \qquad (2.36)$$

Kollektorschaltung

$$\frac{y_{21c}}{y_{12c}} = 1 + \frac{g_m}{y_{b'e}} = 1 + h_{21e} \qquad (2.37)$$

NF-Bereich

$$v_{psc} = 1 + h_{21e0} \qquad (2.38)$$

HF-Bereich

$$\frac{y_{21c}}{y_{12c}} = 1 - j\frac{g_m}{C_{b'e}} \cdot \frac{1}{\omega} \qquad (2.39)$$

$$v_{psc} = \frac{g_m}{C_{b'e}} \cdot \frac{1}{\omega} \qquad (2.40)$$

$$\varphi_{sc} = \arctan\left(\frac{g_m}{C_{b'e} \cdot \omega}\right) \qquad (2.41)$$

2.3.4   Extraktion von C_{JC}, R_B und T_F über die Leistungsverstärkungen

Die Schaltungen zur Simulation der Frequenzabhängigkeit der maximalen stabilen Leistungsverstärkungen im Arbeitspunkt $U_{CB} = 0$; $I_C = 1$ mA zeigen die Abb. 2.16, 2.17, und 2.18.

Emitterschaltung

$$v_{pse} = \frac{I_C(Q_1)}{I_B(Q_2)} \qquad (2.42)$$

Abb. 2.16   Simulationsschaltungen zur Leistungsverstärkung in Emitterschaltung

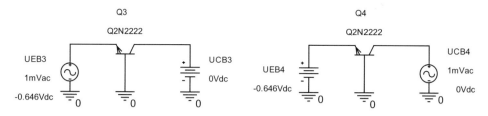

Abb. 2.17   Simulationsschaltungen zur Leistungsverstärkung in Basisschaltung

Abb. 2.18   Simulationsschaltungen zur Leistungsverstärkung in Kollektorschaltung

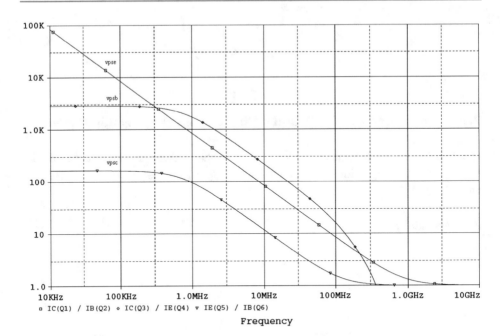

Abb. 2.19 Simulierte Frequenzabhängigkeit der maximalen stabilen Leistungsverstärkungen

Basisschaltung

$$v_{psb} = \frac{I_C\left(Q_3\right)}{I_E\left(Q_4\right)} \tag{2.43}$$

Kollektorschaltung

$$v_{psc} = \frac{I_E\left(Q_5\right)}{I_B\left(Q_6\right)} \tag{2.44}$$

Analyse AC Sweep, Logarithmic, Start Frequency: 10 kHz, End Frequency: 10 GHz, Points/Decade: 100.

Abb. 2.19 Zur Darstellung der Frequenzabhängigkeiten der Leistungsverstärkungen über die Anweisungen:

Trace, Add Trace, Trace Expression: IC(Q1)/IB(Q2), Plot, Axis Settings, Y Axis, User Defined: 1 to 100 k, Log, o.k.

Die Phasenbeziehungen zu y_{21}/y_{12} sind im Abb. 2.20 dokumentiert. Zu deren Darstellung ist der Buchstabe P vor den Klammerausdruck des Quotienten zu setzen. Im Falle der Emitterschaltung ist also zu schreiben: P(IC(Q1)/IB(Q2)).

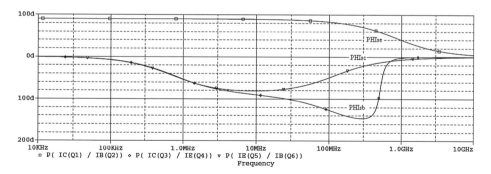

Abb. 2.20   Simulierte Frequenzabhängigkeit der Phasenwinkel von y_{21}/y_{12}

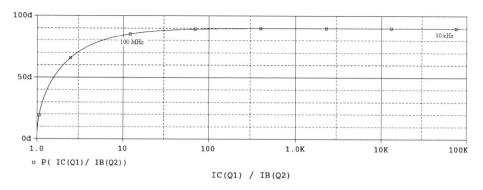

Abb. 2.21   Ortkurve der maximalen stabilen Leistungsverstärkung in der Emitterschaltung

Die Ortskurven von y_{21}/y_{12} nach Betrag und Phase für den Frequenzbereich von 10 kHz bis 100 MHz folgen über

Analysis   AC Sweep, Logarithmic, Start Frequency: 10 kHz, End Frequency: 100 Meg, Points/Decade: 100.

Für die Emitterschaltung ist die ursprüngliche Frequenzachse wie folgt umzuwandeln:
Plot, Axis settings, Axis Variable: IC(Q1)/(IB(Q2), o. k., Trace, Add Trace, P(IC(Q1)/IB(Q2)), siehe Abb. 2.21. Die Ortskurven für die Basis- bzw. Kollektorschaltung zeigen die Abb. 2.22 und 2.23.

Mit der maximalen stabilen Leistungsverstärkung y_{21}/y_{12} in den drei Grundschaltungen bei NF bzw. HF lassen sich die Kleinsignalparameter nach Abb. 2.14 gewinnen. Darüber hinaus eignet sich diese Kenngröße zu einem Vergleich von bipolaren mit unipolaren Transistoren.

In demjenigen Frequenzbereich, für den v_{psc} proportional zum Kehrwert der Frequenz f verläuft, erhält man die Transitfrequenz in guter Näherung mit

$$f_T = v_{psc} \cdot f \qquad\qquad (2.45)$$

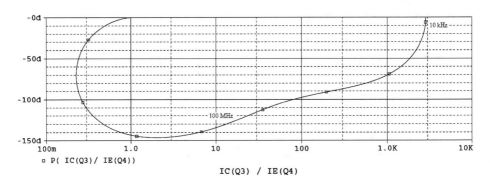

Abb. 2.22 Ortskurve der maximalen stabilen Leistungsverstärkung in der Basisschaltung

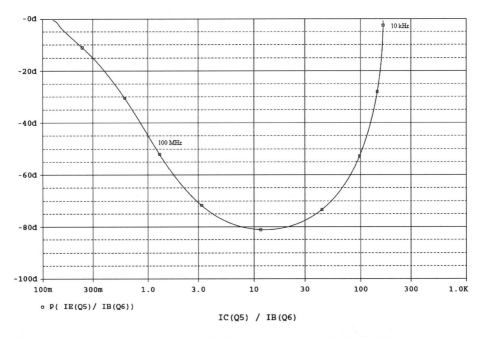

Abb. 2.23 Ortskurve der maximalen stabilen Leistungsverstärkung in der Kollektorschaltung

und somit die Transitzeit vorwärts über

$$T_F = \frac{\dfrac{1}{2\cdot\pi\cdot f_{T2}} - \dfrac{I_{C1}}{I_{C2}}\cdot\dfrac{1}{2\cdot\pi\cdot f_{T1}}}{1 - \dfrac{I_{C1}}{I_{C2}}} - R_C\cdot C_{JC} \qquad (2.46)$$

Ausgewählte v_{ps}-Werte aus dem Abb. 2.19 für den Transistor 2 N 2222 zeigt die Tab. 2.4.

Tab. 2.4 Simulierte Werte der maximalen stabilen Leistungsverstärkung bei $U_{CB} = 0$

I_C	$f = 10$ kHz (NF)			$f = 10$ MHz (HF)		
	v_{pse}	v_{psb}	v_{psc}	v_{pse}	v_{psb}	v_{psc}
1 mA	$84,140 \cdot 10^3$	$2,845 \cdot 10^3$	164,354	84,146	215,539	11,782
5 mA	$414,471 \cdot 10^3$	$2,784 \cdot 10^3$	180,159	414,473	215,145	25,707

Tab. 2.5 Über v_{ps} ermittelte Parameter des Transistors 2N 2222 bei $U_{CB} = 0$

Gleichungs-Nr.	Parameter	Wert bei 1 mA	Wert bei 5 mA
(2.26)	g_m	38,65 mS	193,2 mS
(2.32)	r_{ce}	73,61 kΩ	14,41 kΩ
(2.37)	h_{21e}	163	179
(2.25)	$r_{b'e}$	4,22 kΩ	926 Ω
(2.29)	C_{JC}	7,31 pF	7,43 pF
(2.34)	R_B	10,1 Ω	9,97 Ω
(2.40)	$C_{b'e}$	52,21 pF	119,6 pF
(2.45)	f_T	117,82 MHz	257,07 MHz
(2.46)	T_F	428,7 ps	

Abb. 2.24 Schaltungen zu v_{pse} bei $U_{CB} = 0$ V und $I_C = 5$ mA

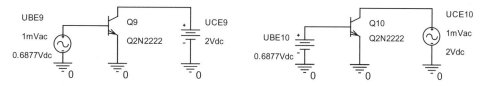

Abb. 2.25 Schaltungen zu v_{pse} bei $U_{CB} = 1,31$ V und $I_C = 5$ mA

Mit der Auswertung der Tab. 2.4 erhält man die Transistorkenngrößen bzw. Modellparameter des Transistors 2N 2222 nach Tab. 2.5.

Damit sind die Werte des HF-Kleinsignalmodells nach Abb. 2.14 im Arbeitspunkt $U_{CB} = 0$; $I_C = 1$ mA als auch die Modellparameter C_{JC}, R_B und T_F bestimmt. Zu beachten ist, dass das Modell des Transistors 2N 2222 einen stromunabhängigen Basisbahnwiderstand R_B aufweist und der Emitterbahnwiderstand auf $R_E = 0$ gesetzt wurde.

Die Abhängigkeit der Rückwirkungskapazität $C_{jb'c}$ von der Sperrspannung U_{CB} wird über v_{pse} mit den Abb. 2.24, 2.25 und 2.26 analysiert und nachgewiesen.

Die Analyseergebnisse werden im Abb. 2.27 dargestellt.

Abb. 2.26 Schaltungen zu v_{pse} bei $U_{CB} = 4{,}31$ V und $I_C = 5$ mA

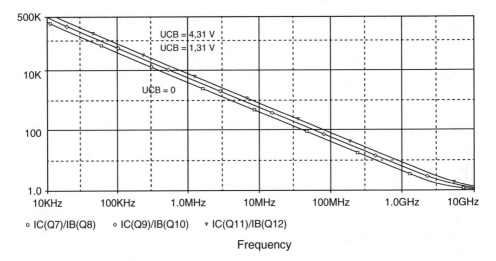

⧠ IC(Q7)/IB(Q8)   ◇ IC(Q9)/IB(Q10)   ▽ IC(Q11)/IB(Q12)

Frequency

Abb. 2.27 Frequenzabhängigkeit von v_{pse} bei $I_C = 5$ mA mit der Sperrspannung U_{CB} als Parameter

Tab. 2.6 Auswertung zur Rückwirkungskapazität bei $I_C = 5$ mA und $f = 10$ MHz

U_{CE}/V	0,688	2	5
U_{CB}/V	0	1.31	4,41
v_{pse}	414,473	587,765	800,665
$C_{jb}{}'c$	7,42	5,23	3,84

Es ist $C_{JC} = C_{jbc}$ bei $U_{CB} = 0$

Bei $I_C = 5$ mA und $f = 10$ MHz werden die Kapazitäten mit der Steilheit $g_m = 193{,}24$ mS über Gl. (2.29) berechnet, siehe Tab. 2.6.

Über das Programm MODEL EDITOR der Diode erfolgt die Extraktion der Kapazitätsparameter in der im Abschn. 2.3.1 beschriebenen Weise. Nach der Übertragung der Tab. 2.6 in diejenige von „Junction Capacity" erhält man mit „Tools, Extract Parameters" als

ERGEBNIS

- $C_{JC} = 7{,}31$ pF
- $M_{JC} = 0{,}352$
- $V_{JC} = 0{,}824$

Es besteht eine annehmbare Übereinstimmung mit dem Abb. 2.12 bzw. zu den Ausgangsdaten nach Tab. 2.1.

In der Tab. 2.5 ist $C_{b'e} = C_{dbe} + C_{jbe} = 119{,}6$ pF bei $U_{BE} = 0{,}68815$ V.

Mit Gl. (2.26) wird $C_{dbe} = T_F \cdot I_{be}/U_T = 84{,}25$ pF. Für die obige Durchlassspannung ist somit $C_{jbe} = 35{,}35$ pF.

2.3.5 Modellparameter zur Transitfrequenz

Modellparameter zur Modellierung der Arbeitspunktabhängigkeit der Transitfrequenz f_T sind:

- T_F als ideale Transitzeit, vorwärts bei $U_{CB} = 0$ gemäß Gl. (2.46)
- T_{F*} als minimale Gesamttransitzeit, vorwärts; $T_{F*} = 1/(2 \cdot \pi \cdot f_{Tmax})$ bei $U_{CB} = 0$
- V_{TF} als Parameter zur Modellierung der Spannungsabhängigkeit von f_T, siehe Gl. (2.47)
- X_{TF} als Koeffizient zur Modellierung von f_T bei hohen Strömen, siehe Gl. (2.47)
- I_{TF} als weiterer Hochstromparameter zu f_T, siehe Gl. (2.47)

Nachfolgend werden Werte zur Stromabhängigkeit der Gesamttransitzeit $T_{FG} = 1/(2 \cdot \pi \cdot f_T)$ zusammengestellt.

Die Auswertung von f_T und somit von T_{FG} geht für die Tab. 2.7 aus der Arbeitspunktanalyse mit der Schaltung nach Abb. 2.2 hervor.

Für die Tab. 2.8 wurde eine modifizierte Schaltung nach Abb. 2.18 verwendet. In der Analyse ist die Basis-Emitter-Spannung U_{BE} so lange zu variieren, bis der jeweils vorgegebene Kollektorstrom I_C erreicht ist. Der angegebene Transferstrom I_F entspricht dem Diffusionsstrom I_{be1} nach Gl. (2.1). Die Berechnung von I_F erfolgt mit dem zuvor ermittelten Sättigungsstrom $I_S = 14{,}44$ fA.

Die Tab. 2.8 liefert Aussagen zur Sperrspannung $U_{CB} = 1{,}7$ V im Vergleich zu $U_{CB} = 0$.

U_{BE}/V	0,7783	0,7860	0,7961	0,8113	0,8250	0,8384
I_C/mA	100	120	150	200	250	300
I_F/mA	167,036	224,931	332,331	597,988	1015,401	1704,306
T_{FG}/ps	489,71	515,06	562,38	657,67	754,29	851,10

Tab. 2.7 Arbeitspunktabhängigkeit der Gesamttransitzeit des Transistors 2N 2222 bei $U_{CB} = 0$ V

U_{BE}/V	0,67465	0,7069	0,7261	0,74688	0,76022	0,77052
I_C/mA	3	10	20	40	60	80
I_F/mA	3,0417	10,5781	22,2160	49,5959	83,052	123,6590
T_{FG}/ps	799,77	534,08	479,38	464,01	480,83	513,40
U_{BE}/V	0,7794	0,7870	0,7973	0,8125	0,8266	0,8401
I_C/mA	100	120	150	200	250	300
I_F/mA	174,290	240,773	348,106	626,374	1080,17	1820,00
T_{FG}/ps	560,40	616,88	720,158	909,457	1112,97	1304,55

Tab. 2.8 Arbeitspunktabhängigkeit der Gesamttransitzeit des Transistors 2N 2222 bei U_{CB} = 1,7 V

U_{BE}/V	0,67409	0,7063	0,7255	0,7462	0,75945	0,76968
I_C/mA	3	10	20	40	60	80
I_F/mA	2,977	10,336	21,707	48,309	80,617	119,709
T_{FG}/ps	776,37	527,00	473,68	452,14	456,03	468,10

Mit der effektiven Transitzeit T_{FF} wird die Arbeitspunktabhängigkeit der Transitzeit T_{F*} erfasst [1, 3, 7, 8]:

$$T_{FF} = T_{F*} \cdot \left[1 + X_{TF} \cdot \left(\frac{I_F}{I_F + I_{TF}} \right)^2 \cdot \exp\left(\frac{U_{BC}}{1,44 \cdot V_{TF}} \right) \right] \qquad (2.47)$$

Zunächst erhält man aus Tab. 2.7 für I_{C1} = 3 mA und I_{C2} = 10 mA mit Gl. (2.46) die ideale Vorwärts-Transitzeit mit T_F = 420,2 ps − 7,3 ps = **412,9 ps**. Zum Vergleich: T_F = 428,7 ps aus Tab. 2.5. Der Ausgangswert des Herstellers nach Tab. 2.1 beträgt T_F = 411,1 ps. Ferner folgt bei U_{CB} = 0 aus Tab. 2.7 der Minimalwert T_{F*} = 464,01 ps. Es ist somit $T_F < T_{F*}$, siehe auch Abb. 2.28. Bei U_{BC} = 0 nimmt der exponentielle Term von Gl. (2.47) den Wert 1 an. Mit der Vorgabe von X_{TF} = **2,8** und I_C = 200 mA bzw. I_F = 626,374 mA bei U_{CB} = 0 folgt aus den Werten T_{FF} = 909,457 ps und T_{F*} = 464,01 ps die Beziehung $T_{FF} = T_{F*} \cdot (1,96)$. Hieraus wird dann $X_{TF} \cdot (I_F/(I_F + I_{TF})^2 = 0,96$ und damit I_{TF} = **0,443 A**. (vgl. Tab. 2.1: X_{TF} = 3; I_{TF} = 0,6 A). Für X_{TF} = 2,8 und I_{TF} = 0,443 erhält man mit Gl. (2.47) eine gute Wiedergabe der Kennlinie T_{F*} = f(I_C) bei U_{CB} = 0, siehe Abb. 2.28. Andere Kombinationen wie X_{TF} = 2; I_{TF} = 0,281 A oder X_{TF} = 4; I_{TF} = 0,652 A ergeben keine Übereinstimmung mit dem Verlauf von T_{FF} = f(I_C). Das Abb. 2.28 zeigt die grafische Darstellung zu den Tab. 2.7 und 2.8.

Aus der Gl. (2.47) geht hervor, dass der exponentielle Term für $U_{CB} = -U_{BC} = V_{TF}$ den Wert 0,5 annimmt [8].

Der Stromanstieg m_i = dT_F/d$I_C \approx \Delta TF/\Delta IC$ führt mit $\Delta I_C = I_{C2} - I_{C1}$ zu den Werten:

- m_i = 3,9509 ps/mA bei U_{CB} = 0; I_{C1} = 250 mA; I_{C2} = 300 mA
- m_i = 1,9343 ps/mA bei U_{CB} = 1,7 V; I_{C1} = 250 mA; I_{C2} = 300 mA

Der Quotient von m_i bei U_{CB} = 1,7 V zu m_i bei U_{CB} = 0 V ergibt 0,49 ≈ 0,5. Damit entspricht die Vorgabe von U_{CB} = 1,7 V dem Modellparameter $V_{TF} \approx$ **1,7 V**. Andere Vorgaben mit zum Beispiel U_{CB} = 1 V bzw. U_{CB} = 3 V oder U_{CB} = 5 V führen in Verbindung mit deren Strom- und Transitzeiten zu dem Ergebnis, dass diese Vorgaben keinen brauchbaren V_{TF}-Wert liefern.

2.3.6 Streuparameter- Analysen zum HF-Transistor

Im Frequenzbereich oberhalb von 100 MHz werden für Vierpolparameter-Messungen die Streuparameter verwendet, bei denen der Quotient aus zulaufenden Wellen a und ablaufenden Wellen b gemäß Abb. 2.29 mit den Gl. 2.48 bis 2.49 ausgewertet wird.

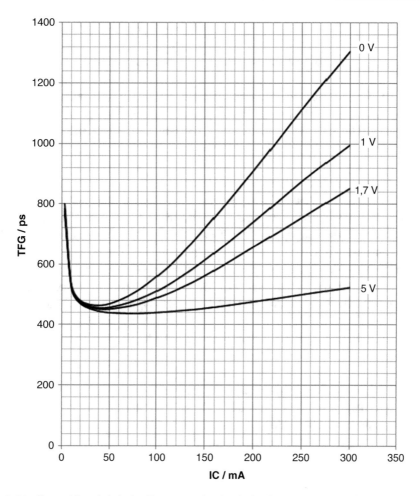

Abb. 2.28 Stromabhängigkeit der Gesamttransitzeit mit der Spannung U_{CB} als Parameter

Abb. 2.29 Transistor-Vierpol
mit zulaufenden und
ablaufenden Wellen

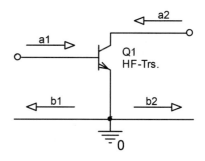

$$s_{11} = b_1 / a_1 \,|\, a_2 = 0 \qquad s_{12} = b_1 / a_1 \,|\, a_2 = 0 \qquad (2.48)$$

$$s_{21} = b_1 / a_1 \,|\, a_2 = 0 \qquad s_{122} = b_1 / a_1 \,|\, a_2 = 0 \qquad (2.49)$$

Hohe HF-Verstärkungen werden erreicht, wenn der Eingangs-Reflexionsfaktor s_{11} und der Ausgangs-Reflexionsfaktor s_{22} Werte gegen 1 annehmen, wenn der Rückwärts-Übertragungsfaktor s_{12} gegen 0 geht und der Vorwärts-Übertragungsfaktor s_{21} möglichst hohe Werte aufweist.

Untersuchungen am Chip-Transistor BFR 93A
Die Schaltungen nach Abb. 2.30 dienen zur Analyse der Streuparameter des Chip-Transistors BFR 93A im Arbeitspunkt $U_{BE} = \mathbf{0,648\ V}$; $U_{CE} = \mathbf{4,82\ V}$ für die Emitter-, Basis- und Kollektorschaltung. Der Chip-Transistor beruht auf den eingegebenen SPICE-Modellparametern aus dem Daten-Buch von Infineon [11]. Die parasitären Kapazitäten und Induktivitäten des Gehäuses werden also noch nicht berücksichtigt. Mit der AC-Analyse erhält man die s-Parameter nach Betrag und Phase im Frequenzbereich von 1 MHz bis 100 GHz, siehe die Abb. 2.31, 2.32, 2.33, 2.34, 2.35, 2.36, 2.37 und 2.38.

Analyse AC Sweep, Logarithmic, Start Frequency: 1 MegHz, End Frequency: 100 GHz, Points/Decade: 100

Die Kollektorschaltung erbringt bis zu hohen Frequenzen günstig niedrige Werte für den Betrag von s_{11}, aber andererseits die höchsten Werte für den Betrag der Rückwärts-übertagungsfaktor s_{12}. Die besten Ergebnisse für den Betrag von s_{21} erzielt man in der

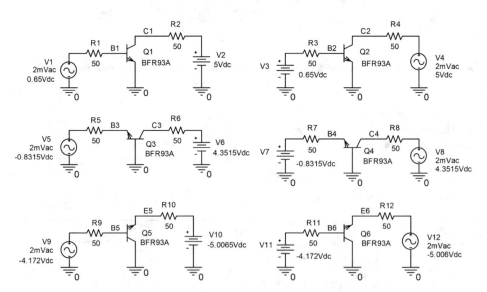

Abb. 2.30 Simulation der s-Parameter des Chip-Transistors in den drei Grundschaltungen

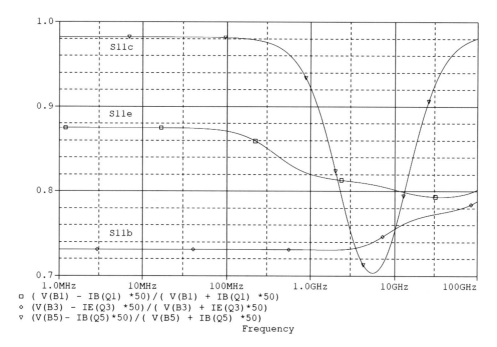

Abb. 2.31 Betrag des Eingangs-Reflexionsfaktors s_{11} in den drei Grundschaltungen

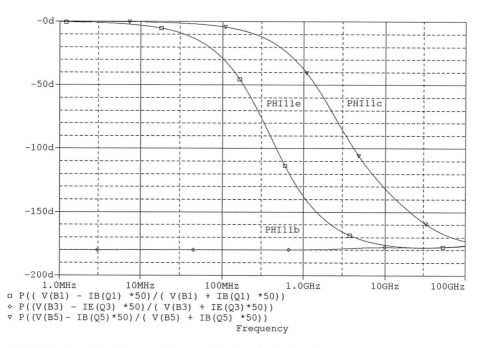

Abb. 2.32 Phase des Eingangs-Reflexionsfaktors s_{11} in den drei Grundschaltungen

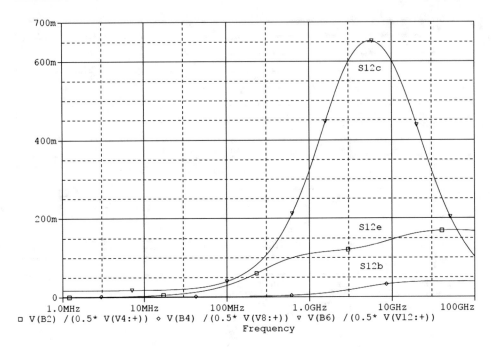

Abb. 2.33 Betrag des Rückwärts-Übertragungsfaktors s_{12} in den drei Grundschaltungen

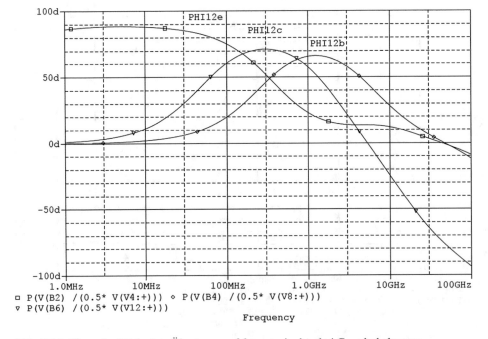

Abb. 2.34 Phase des Rückwärts-Übertragungsfaktors s_{12} in den drei Grundschaltungen

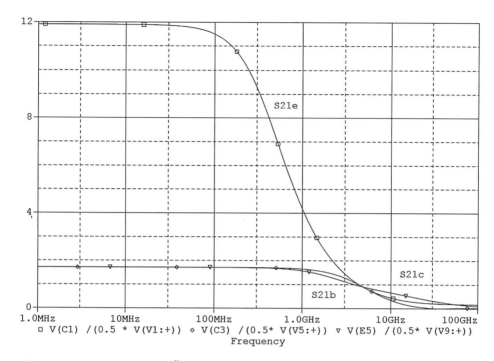

Abb. 2.35 Betrag des Vorwärts-Übertragungsfaktors s_{21} in den drei Grundschaltungen

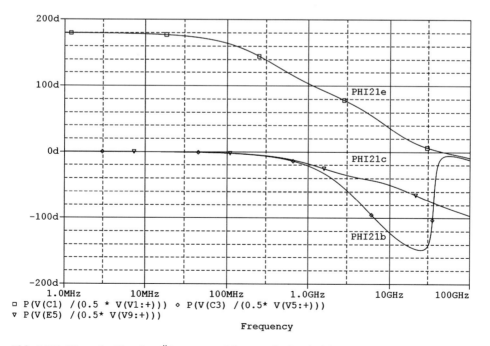

Abb. 2.36 Phase des Vorwärts-Übertragungsfaktors s_{21} in den drei Grundschaltungen

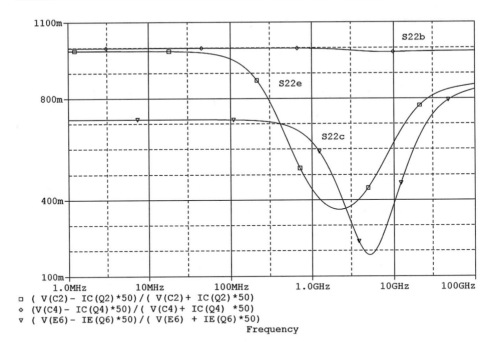

Abb. 2.37 Betrag des Ausgangs-Reflexionsfaktors s_{22} in den drei Grundschaltungen

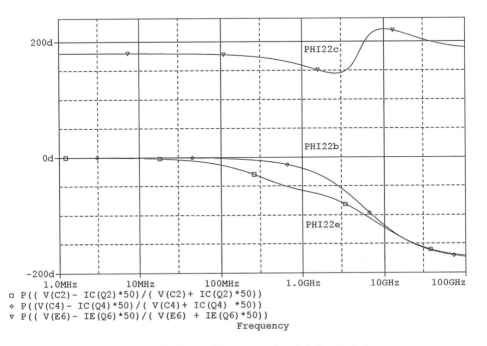

Abb. 2.38 Phase des Ausgangs-Reflexionsfaktors s_{22} in den drei Grundschaltungen

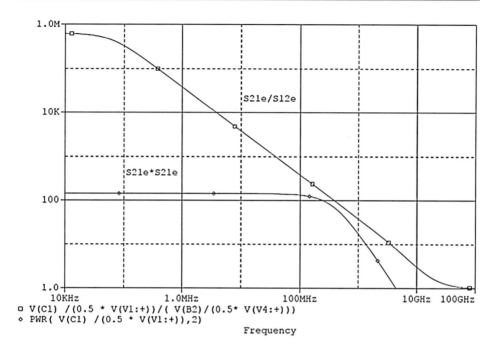

Abb. 2.39 Frequenzabhängigkeit von Leistungsverstärkungen des Chip-Transistors

Emitter-Schaltung. In der Basisschaltung liegt der Betrag von s_{22} nahe bei 1. Abb. 2.39 zeigt für den Chip-Transistor BFR 93 A die im Arbeitspunkt $U_{BE} = \mathbf{0{,}648\ V}$; $U_{CE} = \mathbf{4{,}82\ V}$ analysierte Frequenzabhängigkeit folgender Leistungsverstärkungen:

- Maximale stabile Leistungsverstärkung (maximum stable gain G_{ms})
- $v_{pse} = |s_{21e}/s_{12e}|$
- Übertragungs-Leistungsverstärkung (tranducer power gain)
- $v_{pte} = |s_{21e}|^2$

Die Verstärkung v_{pse} fällt mit 10 dB/Dekade und v_{pte} mit 20 dB/Dekade ab.

Eine spezielle Leistungsverstärkung stellt die von Mason [12] angegebene unilaterale Wirkleistungsverstärkung in der Ausführung mit Leitwertparametern dar, siehe Gl. 2.50. In [13] wird diese U-Funktion mit Streuparametern angegeben.

$$U = \frac{|y_{21} - y_{12}|^2}{4\cdot(g_{11}\cdot g_{22} - g_{12}\cdot g_{21})} = \frac{|s_{11}\cdot s_{12}\cdot s_{21}\cdot s_{22}|}{|(1-|s_{11}|^2)\cdot(1-|s_{22}|^2)|} \tag{2.50}$$

Mit den Schaltungen nach Abb. 2.40 können sowohl die für die U-Funktion benötigten Leitwertparameter als auch die maximalen stabilen Leistungsverstärkungen für die drei

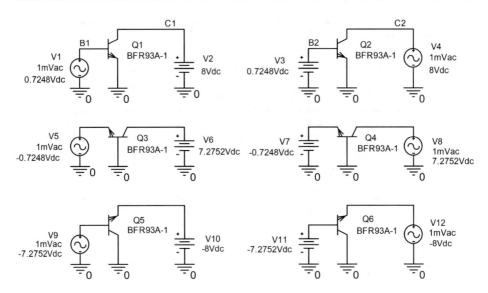

Abb. 2.40 Schaltungen zu y-Parametern und maximalen stabilen Leistungsverstärkungen

Grundschaltungen berechnet werden. Der HF-Transistor BFR 93 A in der Chip-Ausführung wird nachfolgend im Arbeitspunkt $U_{CE} = 8$ V; $I_C = 30$ mA betrieben.

Die Analysen der y-Parameter in der Emitter-Schaltung sind wie folgt auszuführen:

$$y_{11e} = g_{11e} + jb_{11e} = R(IB(Q1)/(V(B1) + jIMG(IB(Q1)/V(B1))$$

$$y_{12e} = g_{12e} + jb_{12e} = R(IB(Q2)/V(C2) + jIMG(IB(Q2)/V(C2))$$

$$y_{21e} = g_{21e} + jb_{21e} = R(IC(Q1)/(V(B1) + jIMG(IC(Q1)/(V(B1))$$

$$y_{22e} = g_{22e} + jb_{22e} = R(IC(Q2)/(V(C2) + jIMG(IC(Q2)/V(C2))$$

Analyse AC Sweep, Logarithmic, Start Frequency: 10 kHz, End Frequency: 10 GHz, Points/Decade: 100

Die y-Parameter-Ortskurven für die Emitter-Schaltung zeigen die Abb. 2.41, 2.42, 2.43 und 2.44. Die Ortskurven beginnen bei $f = 10$ kHz und enden bei $f = 100$ GHz. Für ausgewählte Frequenzen werden die Realteile und Imaginärteile der Leitwert- Parameter zur Berechnung der U-Funktion in Tab. 2.9 zusammengestellt. Die Extraktion der Transistor-Modellparameter mit Hilfe der maximalen stabilen Leistungsverstärkungen $|s_{21}/s_{12}|$ kann wegen der Vierpol-Invarianz wie in den Abschn. 2.3.3 bis 2.3.5 erfolgen.

Die Frequenzabhängigkeit der maximalen stabilen Leistungsverstärkungen wird in Abb. 2.45 dargestellt. Für den gewählten Arbeitspunkt wird $v_{psb} > v_{pse}$ bei $f > 200$ MHz.

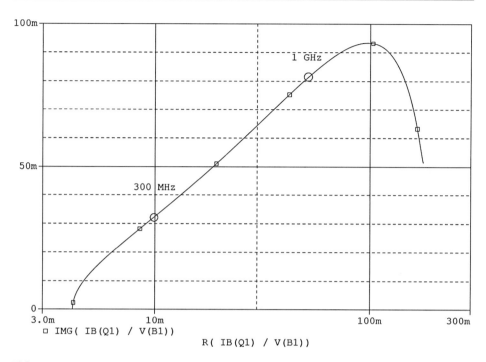

Abb. 2.41 Frequenz-Ortskurve des Eingangsleitwertes y_{11e}

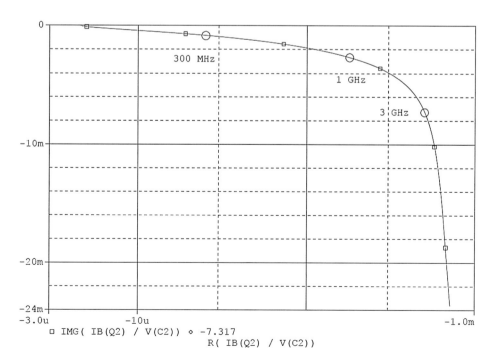

Abb. 2.42 Frequenz-Ortskurve des Rückwirkungsleitwertes y_{12e}

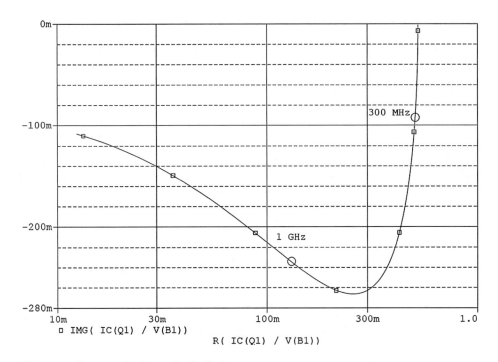

Abb. 2.43 Frequenz-Ortskurve der Steilheit y_{21e}

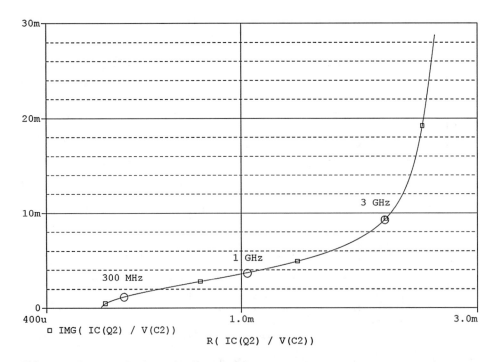

Abb. 2.44 Frequenz-Ortskurve des Ausgangsleitwertes y_{22e}

Tab. 2.9 Ergebnisse zur Frequenzabhängigkeit der U-Funktion nach Gl. 2.50

f	U/fach	U/dB	f	U/fach	U/dB
10 kHz	15033	41,77	300 MHz	3640	35,61
1 MHz	15033	41,77	1 GHz	417,6	26,21
10 MHz	14941	41,74	3 GHz	74,29	18,71
100 MHz	11150	40,47	10 GHz	4,058	6,08

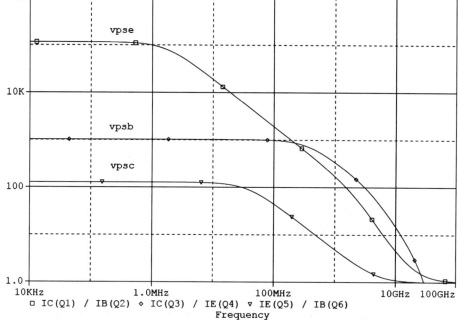

Abb. 2.45 Maximale stabile Leistungsverstärkungen in den drei Grundschaltungen

Tab. 2.10 Vergleich der U-Funktion im HF-Bereich mit einer Näherung

Frequenz	U nach Gl. 2.50	U nach Gl. 2.51
1 GHz	417,6	414,3
10 GHz	4,058	4,11

Ferner zeigt v_{psb} bei höheren Frequenzen einen gleitenden Übergang von einem $1/f$-Absinken in einen $1/f^2$-Abfall.

Das Ergebnis der aufwendigen Analysen zu Gl. 2.50 zeigt Tab. 2.9. Die Tab. 2.10 erbringt den Nachweis, dass der HF-Bereich der U-Funktion für den Chip-Transistor BFR 93A mit der Auswertung von maximalen stabilen Leistungsverstärkungen in Basis- und Kollektorschaltung nach Gl. 2.51 gemäß [10] gut angenähert wird.

$$U_{HF} = \frac{1}{4} \cdot v_{psb} \cdot v_{psc} \qquad (2.51)$$

Die Gl. 2.50 verwendet die komplexen Leitwertparameter in der Form $y = g + jb$.

Nachfolgend wird gezeigt, dass die U-Funktion über den NF-Wert U_0 und die Grenzfrequenz f_u mit Gl. 2.52 berechnet werden kann. Bei der Grenzfrequenz f_u ist $U = 1$. Der Wert U_0 folgt aus den NF-y-Parametern nach Gl. 2.53. Die Grenzfrequenz f_u nach Gl. 2.54 geht aus den Grenzfrequenzen f_{sb} und f_{sc} hervor, siehe Tab. 2.11.

$$U = \frac{U_0}{1 + U_0 \cdot \left(f/f_u\right)^2} \tag{2.52}$$

$$U_0 = \frac{y_{21e0}}{4 \cdot \left(y_{22e0}/v_{psc0} - y_{12e0}\right)} \tag{2.53}$$

$$f_u = \frac{1}{2} \cdot \left(f_{sb} \cdot f_{sc}\right)^{1/2} \tag{2.54}$$

Aus den Analysen mit den Schaltungen nach Abb. 2.40 folgen die in Tab. 2.11 zusammen gestellten Werte. Die Grenzfrequenz f_{sb} gilt dafür, dass v_{psb} proportional mit $1/f$ abnimmt.

Man erhält $U_0 = 15062$ nach Gl. 2.53 und $f_u = 20{,}01$ GHz nach Gl. 2.54. In einem Beispiel für $f = 1$ GHz wird $U = 25{,}91$ dB mit Gl. 2.52. Zum Vergleich zeigt Tab. 2.9 den Wert $U = 26{,}21$ dB bei $f = 1$ GHz. Bei Frequenzen von etwa 10 GHz fällt v_{psb} mit $1/f^2$ ab.

Mit der Schaltung nach Abb. 2.46 lässt sich die Frequenzabhängigkeit der U-Funktion mit einer Wechselspannungsquelle, zwei spannungsgesteuerten Spannungsquellen und zwei RC-Tiefpässen für den Arbeitspunkt $U_{CE} = 8$ V und $I_C = 30$ mA darstellen.

Analyse AC Sweep, Logarithmic, Start Frequency: 10 kHz, End Frequency: 100 GHz, Points/Decade: 100

Tab. 2.11 Parameter-Werte zur U-Funktion-Näherung nach Gl. 2.53 bis 2.54	NF-Leitwertparameter	v_{ps}-Parameter
	$y_{12e0} = -4{,}59$ µS	$v_{psc0} = 127$
	$y_{21e0} = 523$ mS	$f_{sb} = v_{psb} \cdot f = 335{,}9 \cdot 1$ GHz $= 335{,}9$ GHz
	$y_{22e0} = 519$ µS	$f_{sc} = v_{psc} \cdot f = 15{,}888 \cdot 300$ MHz $= 4{,}77$ GHz

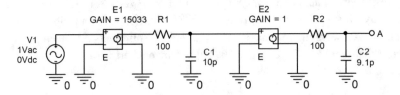

Abb. 2.46 Schaltung zur Frequenzabhängigkeit der U-Funktion des Chip-Transistors BFR 93A

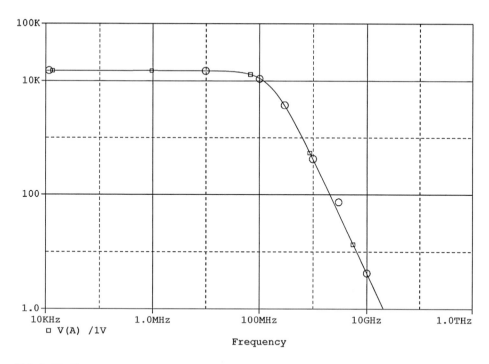

Abb. 2.47 Frequenzgang der U-Funktion für den Chip-Transistor BFR 93A

Die Kennlinie der U-Funktion nach Abb. 2.47 zeigt die NF-Werte und das Absinken mit $1/f^2$. Als Stützwerte für diese Kennlinie dienen die U-Werte aus Tab. 2.9, die mit kleinen Kreisen ausgeführt sind. Die Frequenz, bei der $U = 1$ am Ausgang A ist, beträgt $f_u = \mathbf{20{,}47\ GHz}$. Die Grenzfrequenz f_u geht aus Gl. 2.55 hervor.

Mit dem Wert $U = 417{,}6$ bei $f = 1$ GHz aus Tab. 2.9 erhält man $f_u = 20{,}44$ GHz.

$$f_u = \left(U\right)^{1/2} \cdot f \tag{2.55}$$

Parameterextraktion zum Kleinsignalmodell des HF-Chiptransistors

Anknüpfend an das Kleinsignalmodell des Transistors **Q2N 2222** nach Abb. 2.14 wird in Abb. 2.48 ein erweitertes Modell für den Chip-Transistor **BFR 93A** gezeigt, bei dem die Stromquelle $g_m \cdot U_{b'e}$ durch eine spannungsgesteuerte Stromquelle G mit dem Parameter **GAIN** $= g_m = I_C/U_T = 30$ mA/25,864 mV $= 1{,}16$ A/V ersetzt wird. Eine weitere Ergänzung besteht darin, dass die Kollektorkapazität C_{bc} aufgeteilt wirksam wird. Ferner sorgt der Diffusionswiderstand r_{bc} dafür, dass die NF-Werte der Rückwirkungssteilheit y_{12e} oder der Leistungsverstärkung v_{pse} nachweisbar sind. Die Schaltungsgrößen gelten für den Transistor-Arbeitspunkt $U_{CE} = \mathbf{8\ V}$; $I_C = \mathbf{30\ mA}$.

Die Parameterextraktion für die HF-Ersatzschaltung kann mittels Kenngrößen der maximalen stabilen Leistungsverstärkungen und von SPICE-Parametern wie folgt vorgenommen werden:

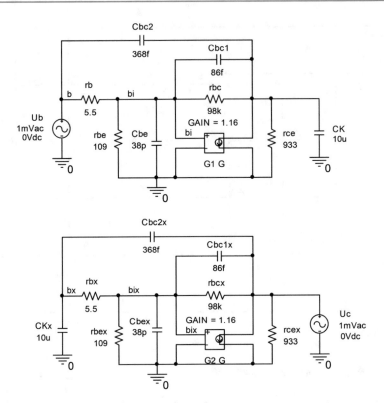

Abb. 2.48 Kleinsignalmodell des Chip-Transistors BFR 93A bei $U_{\mathrm{CE}} = 8$ V und $I_{\mathrm{C}} = 30$ mA

1. Der **Basis-Emitter-Widerstand** folgt aus Gl. 2.56

$$r_{bie} = v_{psc0} \cdot U_T / I_C \tag{2.56}$$

$$r_{\mathrm{bie}} = 127 \cdot 25{,}864\,\mathrm{mV}/30\,\mathrm{mA} = 109\,\Omega$$

2. Der **Kollektor-Emitter-Widerstand** geht aus Gl. 2.57 hervor mit:

$$r_{ce} = \left(V_{AF} + U_{CE}\right) / I_C \tag{2.57}$$

$$r_{\mathrm{ce}} = \left(20\,\mathrm{V} + 8\,\mathrm{V}\right) / 30\,\mathrm{mA} = 933\,\Omega$$

3. Die **Grenzfrequenz** $f_{sc} \approx f_{\mathrm{T}}$ wird mit Gl. 2.58 bestimmt.

$$f_{sc} = v_{psc} \cdot f \qquad (2.58)$$

$$f_{sc} = 4,89 \cdot 1\,\text{GHz} = 4,89\,\text{GHz}$$

4. **Basis-Emitter-Kapazität** nach Gl. 2.59

$$C_{be} = \frac{1}{2 \cdot \pi \cdot f_{sc}} \cdot \frac{I_C}{U_T} \qquad (2.59)$$

$$C_{be} = 1/\left(2 \cdot \pi \cdot 4,89\,\text{GHz}\right) \cdot 1,16\,\text{A/V} = 38\,\text{pF}$$

5. Die **Grenzfrequenzen** f_{sc} und f_{y21e} erhält man den Bahnwiderstand r_b mit Gl. 2.60.

$$r_b = \frac{f_{sc}}{y_{21e0} \cdot f_{y21e}} \qquad (2.60)$$

$$r_b = 4,89\,\text{GHz} / \left(523\,\text{mS} \cdot 1,69\,\text{GHz}\right) = 5,53\,\Omega$$

6. Der **Basis-Kollektor-Widerstand** kann mit Gl. 2.61 berechnet werden.

$$r_{bc} = v_{pse0} \cdot U_T / I_C \qquad (2.61)$$

$$r_{bc} = 114 \cdot 103 \cdot 25,864\,\text{mV} / 30\,\text{mA} = 98\,k\Omega$$

7. **Basis-Zeitkonstante** nach Gl. 2.62.

$$\tau_b = r_b \cdot C_{bc1} = \frac{1}{v_{psb}} \cdot \frac{1}{\omega} \qquad (2.62)$$

$$\tau_b = 1/336 \cdot \left(1/\left(2 \cdot \pi \cdot 1\,\text{GHz}\right)\right) = 0,474\,\text{ps}$$

8. Der **Anteil 1** der Kollektor-Basis-Kapazität ergibt sich aus Gl. 2.63

$$C_{bcb1} = \tau_b / r_b \qquad (2.63)$$

$$C_{bc1} = 474\,\text{fF} / 5,5\,\Omega = 86\,\text{fF}$$

9. **Kollektor-Basis-Kapazität** nach Gl. 2.64 mit SPICE-Parametern nach [11]

$$C_{bc} = \frac{CJC}{\left(1 - \dfrac{U_{BC}}{VJC}\right)^{MJC}} \tag{2.64}$$

$$C_{bc} = 1,04\,\text{pF} / \left(1 + 7,275\,\text{V} / 0,72744\right)0,34565 = 0,454\,\text{pF}$$

10. **Anteil 2** der Kollektor-Basis-Kapazität, siehe Gl. 2.65

$$C_{bc2} = C_{bc} - C_{bc1} \tag{2.65}$$

$$C_{bc2} = 454\,\text{fF} - 86\,\text{fF} = 368\,\text{fF}$$

Die Ermittlung der maximalen stabilen Leistungsverstärkung $v_{pse} = |y_{21e}/y_{12e}|$ erfordert es, dass das Kleinsignal-Modell in Vorwärts- und Rückwärtsrichtung angesteuert wird.

Die Tab. 2.12 zeigt die Zusammenstellung der Elemente des Kleinsignalmodells.

Die Analyseschritte zur Darstellung der Frequenzabhängigkeit der maximalen stabilen Leistungsverstärkung $v_{pse} = |y_{21e}/y_{12e}|$ und der Leitwertparameter y_{21e} und y_{12e} sind die gleichen wie bei der Schaltung von Abb. 2.46.

Das Analyseergebnis zu v_{pse} von Abb. 2.49 geht aus der Schaltung von Abb. 2.48 mit nur 8 Elemente-Werten hervor. Für den angegebenen Transistor-Arbeitspunkt wird eine gute Übereinstimmung mit dem Verlauf von v_{pse} in Abb. 2.45 erzielt. Dieser Verlauf ergibt sich mit der Schaltung nach Abb. 2.40 auf der Basis von 33 eingegebenen PSPICE-Modellparametern.

Die Aufteilung der Kapazität C_{bc} über dem Basis-Bahnwiderstand r_b bewirkt den Übergang der Leistungsverstärkung von der $1/f$-Abhängigkeit in den $1/f^2$-Frequenzgang.

Für die **Messung** bei sehr hohen Frequenzen eignen sich als Vierpol-Parameter nur die **Streuparameter**, denn der bei den Leitwertparametern erforderliche wechselstrommäßige Kurzschluss lässt sich nicht verwirklichen.

Aber die Vierpol-Parameter lassen sich untereinander umrechnen. Im Übrigen gilt für die maximalen stabilen Leistungsverstärkungen die Vierpol-Invarianz mit $s_{21}/s_{12} = y_{21}/y_{12}$.

Einbezug von Elementen des Gehäuses

Bei höheren Frequenzen sind die Kapazitäten und Induktivitäten des Gehäuses zu berücksichtigen. In den nachfolgenden Schaltungen wird der Transistor BFR 93 A um die von Infineon ermittelten parasitären Elemente [11] erweitert.

Tab. 2.12 Elemente des Kleinsignalmodells für den Chip-Transistor BFR 93A

r_b	5,5 Ω	$GAIN$	1,16 S
r_{be}	109 Ω	C_{be}	38 pF
r_{bc}	98 kΩ	C_{bc1}	86 fF
r_{ce}	933 Ω	C_{bc2}	368 fF

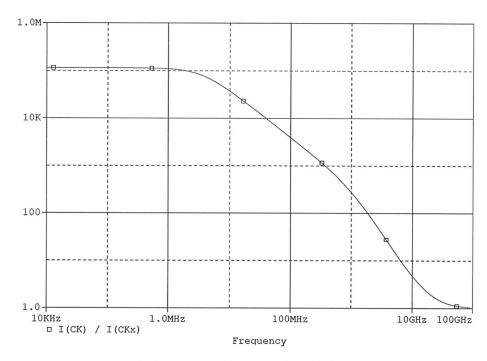

Abb. 2.49 Maximale stabile Leistungsverstärkung in Emitter-Schaltung des Kleinsignal-Modells

Die Schaltung nach Abb. 2.50 dient dazu, diejenigen s-Parameter der Emitter-Schaltung bereitzustellen, die für die Analyse der Leistungsverstärkung $ls_{21e}l^2$ und der unilateralen Übertragungs-Leistungsverstärkung [13] G_{Tmax} nach Gl. 2.66 benötigt werden. Der Transistor-Arbeitspunkt beträgt $U_{CE} = \mathbf{8\ V}; I_C = \mathbf{30\ mA}$.

$$G_{Tmax} = \frac{1}{1 - ls_{11e}l^2} \cdot ls_{21e}l^2 \cdot \frac{1}{1 - ls_{21e}l^2} \tag{2.66}$$

Die Gl. 2.66 enthält als Kernstück die Übertragungs-Leistungsverstärkung $ls_{21e}l^2$ sowie die Anteile zur Eingangs- und Ausgangsanpassung. Mit $s_{12e} = 0$ wird der Rückwärts-Übertragungsfaktor vernachlässigt. Die Analyse entspricht derjenigen von Abb. 2.46. Im Analyseergebnis von Abb. 2.51 erkennt man eine starke Fehlanpassung bei den niedrigen Frequenzen.

Mit den Schaltungen nach Abb. 2.50 und 2.54 erhält man die maximalen stabilen Leistungsverstärkungen in Emitter-, Basis- und Kollektorschaltung für den Gehäuse-Transistor BFR 93 A im Arbeitspunkt $U_{CE} = \mathbf{8\ V}; I_C = \mathbf{30\ mA}$. Die Leistungsverstärkung $v_{pse} = ls_{21e}/s_{12e}l$ nach Gl. 2.67 zeigt in Abb. 2.52 einen $1/f$-Verlauf, der bei höheren Frequenzen in den $1/f^2$-Abfall übergeht.

$$|s_{21e}/s_{12e}| = V(C1)/\big(0{,}5 \cdot V\big(V(V1:+)\big)/V(B2)/\big(0{,}5 \cdot V(V4:+)\big)\big) \tag{2.67}$$

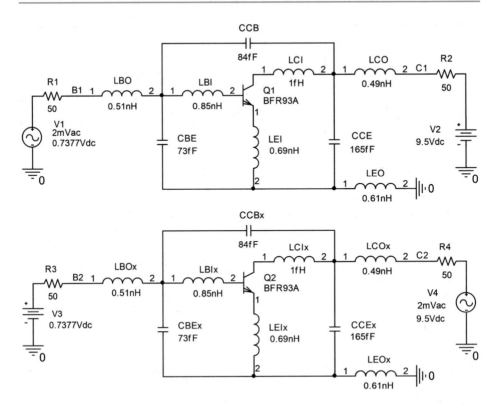

Abb. 2.50 Gehäuse-Transistor BFR 93A in Emitter-Schaltung

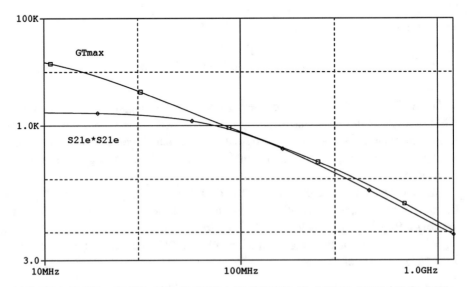

□ 1/(1-PWR((V(B1)- IB(Q1) *50)/(V(B1)+ IB(Q1)*50),2))*PWR(V(C1)/(0.5* V(V1:
+)),2)*1/(1-PWR((V(C2)- IC(Q2)*50)/(V(C2)+ IC(Q2)*50),2))
◇ PWR(V(C1)/(0.5* V(V1:+)),2)
                                    Frequency

Abb. 2.51 Übertragungs-Leistungsverstärkung und Quadrat des Vorwärtsübertragungsfaktors

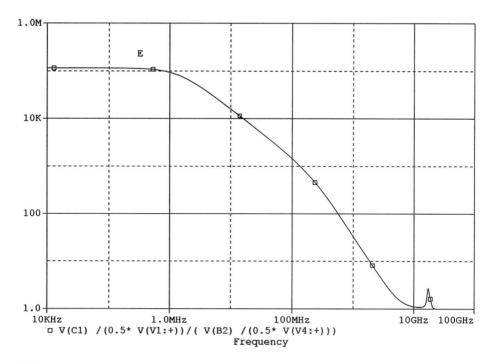

Abb. 2.52 Betrag von s_{21e}/s_{12e} für den Gehäuse-Transistor BFR 93A

Aus Abb. 2.53 und Abb. 2.54 geht hervor, dass die Real-und Imaginär-Teile von s_{21e}/s_{12e} positive Vorzeichen aufweisen.

In Gl. 2.68 wird der komplexe Quotient von Vorwärts- und Rückwärts-Übertragungsfaktor mit der Verwendung von Grenzfrequenzen angegeben.

$$s_{21e}/s_{12e} = \frac{s_{21e0}/s_{12e0}}{1 - js_{21e}/s_{12e} \cdot \left[f/f_{e1} + \left(f/f_{e3} \right)^2 \right]} \tag{2.68}$$

Die Grenzfrequenzen von $v_{pse} = |s2_{1e}/s_{12e}| = |y_{21e}/y_{12e}|$ gehen aus Abb. 2.52 mit den Gl. 2.67 und 2.68 wie folgt hervor:

$$f_{e1} = |s_{21e}/s_{12e}| \cdot f \tag{2.69}$$

$$f_{e2} = \left(|s_{21e}/s_{12e}| \right)^{1/2} \cdot f \tag{2.70}$$

Man erhält $f_{e1} = 1{,}58 \cdot 10^4 \cdot 10$ MHz $=158$ GHz im $1/f$-Bereich und $f_{e2} = (33{,}25)^{1/2} \cdot 1$ GHz $= 5{,}77$ GHz im $1/f^2$-Bereich.

Für den $1/f^2$-Bereich wird jedoch eine Grenzfrequenz f_{e3} mit Gl. 2.71 eingeführt.

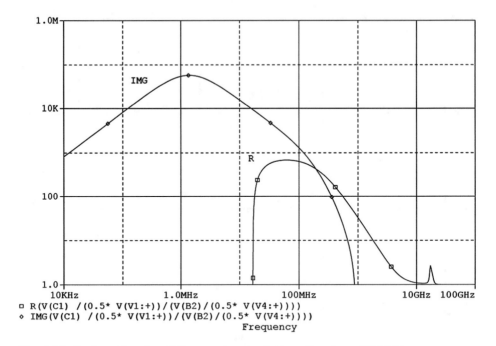

□ R(V(C1) /(0.5* V(V1:+))/(V(B2)/(0.5* V(V4:+))))
◇ IMG(V(C1) /(0.5* V(V1:+))/(V(B2)/(0.5* V(V4:+))))
Frequency

Abb. 2.53 Real- und Imaginär-Teil von s_{21e}/s_{12e} des Gehäuse-Transistors BFR 93A

$$f_{e3} = \frac{f}{\left(\left(f/f_{e2}\right)^2 - \left(f/f_{e1}\right)\right)^{1/2}} \tag{2.71}$$

Mit f_{e3} = 1 GHz/0,154 = 6,49 GHz für die Eingabe in Gl. 2.68 erzielt man gegenüber einer Auswertung mit der Grenzfrequenz f_{e2} eine bessere Anpassung in diesem Frequenzbereich. Die Tab. 2.13 zeigt einen Vergleich zur Berechnung der maximalen stabilen Leistungsverstärkung in Emitter-Schaltung v_{pse}.

Die Berechnungen stimmen annehmbar überein.

Ein Vergleich der Leistungsverstärkungen v_{pse}, v_{psb} und v_{psc} des Chip-Transistors gemäß Abb. 2.45 mit denen des Gehäuse-Transistors nach Abb. 2.50 (für v_{pse}) und nach Abb. 2.55 (für v_{psb} und v_{psc}) zeigt:

- In der Emitter-Schaltung ist die HF-Verstärkung des Gehäuse-Transistors geringer als diejenige des Chip-Transistors. Der Übergang vom $1/f$-Abfall in den $1/f^2$-Abfall erfolgt beim Gehäuse-Transistor bereits bei niedrigeren Frequenzen.
- Bei der der Basisschaltung des Gehäuse-Transistors erfolgt nach einer gewissen Resonanzüberhöhung ein unmittelbarer Übergang in den $1/f^2$-Abfall.
- In der Kollektorschaltung ergeben sich für den Gehäuse-Transistor gegenüber dem Chip-Transistor bis auf Resonanzerscheinungen oberhalb von 10 GHz keine Veränderungen.

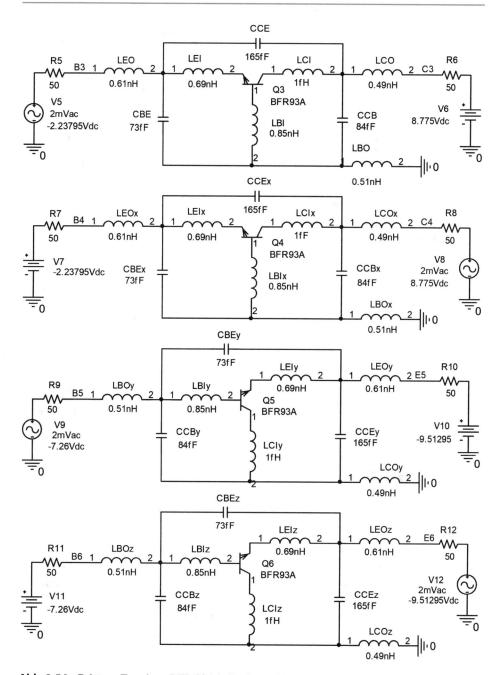

Abb. 2.54 Gehäuse-Transistor BFR 93A in Basis- und Kollektorschaltung

Tab. 2.13 Berechnungen zur
Leistungsverstärkung des
Transistors BFR 93 A

f /Hz	v_{pse} nach Gl. 2.67	V_{pse} nach Gl. 2.68
10 kHz	114000	114000
10 MHz	15790	15090
1 GHz	33,25	33,25

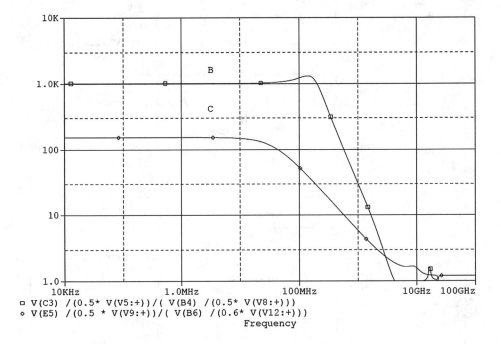

```
□ V(C3) /(0.5* V(V5:+))/( V(B4) /(0.5* V(V8:+)))
◇ V(E5) /(0.5 * V(V9:+))/( V(B6) /(0.6* V(V12:+)))
                                          Frequency
```

Abb. 2.55 Beträge von s_{21b}/s_{12b} und s_{21c}/s_{12c} des Gehäuse-Transistors

Die Tab. 2.14 zeigt einen Vergleich zur U-Funktion nach Gl. 2.50 von Chip-Transistor und Gehäuse-Transistor BFR 93 A.

In Abb. 2.56 sind die U-Werte der beiden Transistor-Ausführungen aufgetragen. Im HF-Bereich erreicht der Chip-Transistor deutlich höhere Verstärkungen gegenüber dem Gehäuse-Transistor. Es werden die folgenden Grenzfrequenzen nach Gl. 2.55 erreicht:

$f_u = (U)^{1/2} \cdot f = (417{,}16)^{1/2} \cdot 1 \text{ GHz} = 20{,}42 \text{ GHz}$ für den Chip-Transistor

$f_u = (43{,}953)^{1/2} \cdot 3 \text{ GHz} = 19{,}89 \text{ GHz}$ für den Gehäuse-Transistor.

Tab. 2.14 Werte der *U*-Funktion von Chip- und Gehäuse-Transistor

f/Hz	Chip-Transistor BFR 93A *U*/dB	Gehäuse-Transistor BFR 93A *U*/dB
10 kHz	41,77	41,78
1 MHz	41,77	41,78
10 MHz	41,74	41,77
100 MHz	40,47	40,48
300 MHz	35,61	33,17
1 GHz	26,21	23,40
3 GHz	18,71	16,43

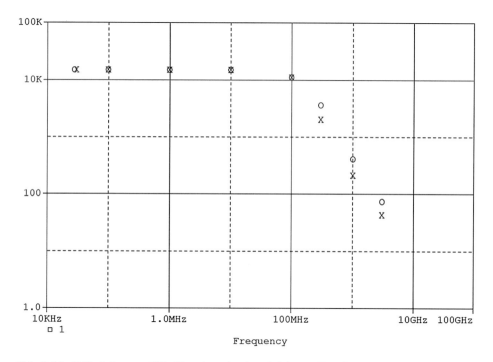

Abb. 2.56 *U*-Funktion von Chip-Transistor (ooo) und Gehäuse-Transistor (xxx)

Literatur

1. CADENCE: OrCADPSPICE Demo-Versionen 9.2 bis 16.5
2. Hoefer, E.: Nielinger, H.: SPICE Analyseprogramm. Springer-Verlag, (1985)
3. Sischka, F.: Notes on Modeling the Bipolartransistor, Hewlett-Packard, (1991)
4. Baumann, P., Möller, W.: Schaltungssimulation mit Design Center, Fachbuchverlag Leipzig, (1994)
5. Laker, K. Sansen, W.: Design of Analog Integrated Circuits and Systems, MCGraw-Hill (1994)
6. Berkner, J.: Kompaktmodelle für Bipolartransistoren, expert-verlag (2002)

7. Khakzar, H.: Entwurf und Simulation von Halbleiterschalungen mit PSPICE, expert-verlag (2006)

8. Ehrhardt, D.: Integrierte analoge Schaltungstechnik, Vieweg (2000)

9. Hower, M.: Gain Characterization of High-Frequency Linear Amplifier Devices, International Solid-State Circuits Conference (1963)

10. Baumann, P.: und Mitautoren: Halbleiter-Praxis, Verlag Technik, Berlin (1976)

11. Infineon Technologies: Silicon Discrete Components, Data Book, September 2000, Part 2

12. Mason, S. J.: Power gain in feedback amplifier, IRE Trans. On Circuit Theory CT-1 (1954), Heft 2, S. 20–25

13. Hewlett Packard: S-Parameter Techniques for Faster, more accurate Network Design, Application Note 95-1, Reprinted Compliments of Hewlett Packard Journal vol. 18, No. 6. FEB 1967

Sperrschicht-Feldeffekttransistoren

3

Zusammenfassung

Die Parameterextraktion wird am N-Kanal-Sperrschicht-Feldeffekttransistor 2N 3919 ausgeführt. Ausgangspunkt der Ermittlungen ist das dynamische Großsignalmodell. Die Extraktion der Modellparameter wie Abschnürspannung, Drain-Source-Sättigungsstrom und Transkonduktanz erfolgt über die Auswertung von Kennlinien. Die Kapazitätsparameter gehen aus der Frequenzabhängigkeit der maximalen stabilen Leistungsverstärkung hervor.

3.1 Großsignalmodell

Das dynamische Großsignalmodell des N-Kanal-Sperrschicht-FET (NJFET) umfasst:

- die Stromquelle für den Drainstrom I_D
- die Gate-Source und die Gate-Drain-Diode mit ihren Kapazitäten C_{gs} und C_{gd}
- die Drain- und Source-Bahnwiderstände R_D und R_S

Im Ausgangskennlinienfeld des NJFET unterscheidet man die Bereiche:

Linearbereich mit $U_{DS} \leq U_{GS} - V_{TO}$

$$I_D \approx BETA \cdot \left(2 \cdot \left(U_{GS} - VTO\right) - U_{DS}\right) \qquad (3.1)$$

Einschnürbereich mit $U_{DS} > U_{GS} - V_{TO}$

$$I_D = BETA \cdot \left(U_{GS} - VTO\right)^2 \cdot \left(1 + LAMBDA \cdot U_{DS}\right) \qquad (3.2)$$

P. Baumann, *Parameterextraktion bei Halbleiterbauelementen*,
https://doi.org/10.1007/978-3-658-43821-0_3

Für die Transistorkapazitäten gilt mit den Sperrspannungen U_{SG} und U_{DG}:

$$C_{gs} = \frac{CGS}{\left(1 + \dfrac{U_{SG}}{PB}\right)^M}; \; C_{gd} = \frac{CGD}{\left(1 + \dfrac{U_{DG}}{PB}\right)^M} \qquad (3.3)$$

Die in den Gl. (3.1) bis (3.3) enthaltenen SPICE-Modellparameter sind:

- die Transkonduktanz *BETA* als ein Verstärkungsparameter
- die Abschnürspannung V_{TO}
- der Parameter *LAMBDA*, der den Kennlinienanstieg im Einschnürbereich erfasst
- die Nullspannungs-Kapazitäten C_{GD} und C_{GS}
- Die Diffusionsspannung *PB*

In der Tab. 3.1 sind Werte von SPICE-Modellparametern des N-Kanal-Sperrschicht-Feldeffekttransistors 2N 3819 aus der DEMO-Version nach [1] zusammengestellt.

In diese Tabelle wurden auch die Rausch-Modellparameter A_F und K_F aufgenommen, mit denen das Funkelrauschen nachgebildet wird.

Nachfolgend werden statische und dynamische Kenngrößen und Abhängigkeiten herangezogen, um die obigen Eingabewerte der Modellparameter zu extrahieren.

Zu den Extraktionsverfahren zählen:

- die Aufnahme der Übertragungskennlinie $I_D = f(U_{GS})$ zur Ermittlung der Schwellspannung V_{TO} und der Transkonduktanz *BETA* als besonders wichtige Parameter
- die Untersuchung des Sperrschicht-FET mit leerlaufender oder auf Massepotenzial gelegter Drain- bzw. Source-Elektrode zur Gewinnung der Bahnwiderstände R_D und R_S

Tab. 3.1 SPICE-Modellparameter des NJFET 2N 3819

SPICE-Symbol	SPICE-Modelparameter	Werte	SPICE-Schreibweise
BETA	Transkonduktanz	1,304 mA / V^2	1,304 m
VTO	Abschnürspannung	-3 V	-3
LAMBDA	Kanallängen-Modulationswert	$2,25 \cdot 10^{-3}$ 1/V	2,25 m
RD	Drain-Bahnwiderstand	1 Ω	1
RS	Source Bahnwiderstand	1 Ω	1
CGD	Gate-Drain-Kapazität bei $U_{GD} = 0$	1,6pF	1,6p
CGS	Gate-Source-Kapazität bei $U_{GS} = 0$	2,414pF	2,414p
M	Exponent zu den Kapazitäten	0,3622	0,3622
PB	Gate-Sperrschicht-Diffusions-spannung	1 V	1
AF	Funkelrauschexponent	1	1
KF	Funkelrauschkoeffizient	$9,882 \cdot 10^{-18}$ A	9,882E-18

Abb. 3.1 Dynamisches
Großsignalmodell des
N-Kanal-Sperrschicht-FET

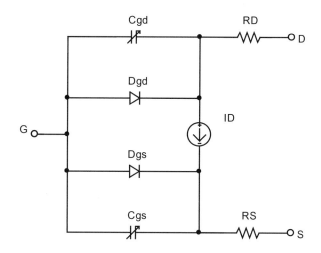

- die Auswertung der Frequenzabhängigkeit der maximalen stabilen Leitungsverstärkung in Source-, Gate- und Drainschaltung zur Gewinnung der Kapazitätsmodellparameter
- die Analyse der Frequenzabhängigkeit des Eingangsrauschens zur Ermittlung des Funkelrauschkoeffizienten und der Darstellung der Rauschzahl

In die Auswertung werden sowohl die Gleichungen zum Großsignalmodell des Sperrschicht-Feldeffekttransistors nach Abb. 3.1 einbezogen als auch diejenigen, die aus dem Kleinsignalmodell hervorgehen und zur Beschreibung der maximalen stabilen Leistungsverstärkungen in den drei Grundschaltungen dienen.

3.2 Extraktion von Modellparametern aus Kennlinien

3.2.1 Ermittlung von Schwellspannung und Transkonduktanz

Mit der Schaltung nach Abb. 3.2 wird die Übertragungskennlinie $I_D = \mathrm{f}(U_{GS})$ für den Einschnürbereich simuliert.

AUFGABE

Zur Ermittlung des Drainstromes I_D, der Steilheit g_m sowie der Modellparameter: Abschnür-spannung V_{TO} und Verstärkungsparameter *BETA* ist wie folgt zu verfahren:

- Der Transistor J2N 3819 ist aus der EVAL-Bibliothek aufzurufen
- Die Kennlinien I_D; $\sqrt{I_D} = \mathrm{f}(U_{GS})$ sind darzustellen ◀

Abb. 3.2 Auswerteschaltung zum N-Kanal-Sperrschicht-Feldeffekttransistor

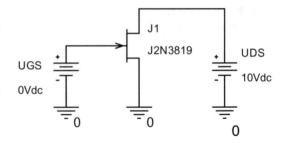

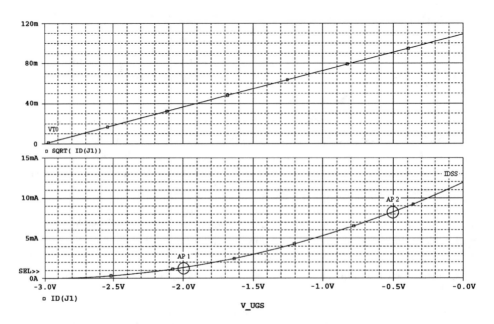

Abb. 3.3 Übertragungskennlinien des NJFET 2N 3819

Analyse DC Sweep, Voltage Source: UGS, Start Value: -3, End Value: 0, Increment: 1 mV.

Nach erfolgter Analyse gelangt man zur Kennlinie $I_D = f(U_{GS})$ von Abb. 3.3 über

Trace, Add Trace, Trace Expression: ID(J1).

Die Kennlinie $\sqrt{I_D} = f(U_{GS})$ entsteht für dieses Bild mit:

Plot, Add Plot to Window, Trace, Add Trace, SQRT(ID(J1)).

AUSWERTUNG

Der Drain-Source-Sättigungsstrom I_{DSS} entspricht dem Drainstrom I_D bei $U_{GS} = 0$ V.

Dem unteren Diagramm von Abb. 3.3 entnimmt man den Wert I_{DSS} = **11,9 mA**.
Die Abschnürspannung ist

$$V_{TO} = \frac{U_{GS1} - U_{GS2} \cdot \sqrt{\dfrac{I_{D1}}{I_{D2}}}}{1 - \sqrt{\dfrac{I_{D1}}{I_{D2}}}} \tag{3.4}$$

Aus den Arbeitspunkten

- AP_1: $U_{GS1} = -0,5$ V; $I_{D1} = 8,28$ mA und
- AP_2: $U_{GS2} = -2,0$ V; $I_{D2} = 1,33$ mA

wird $V_{TO} = -3$ V in Übereinstimmung mit dem Abszissenschnittpunkt der Geraden aus dem oberen Diagramm von Abb. 3.3.
Die Steilheit g_m erhält man über

$$g_m = \frac{2 \cdot I_{DSS}}{|V_{TO}|} \tag{3.5}$$

ERGEBNIS
g_m = **7,93 mS**.

Die Transkonduktanz ist

$$BETA = \frac{g_m}{2 \cdot |V_{TO}|} \tag{3.6}$$

ERGEBNIS
$BETA$ = **1,322 mA/V²**.

3.2.2 Ermittlung der Bahnwiderstände

Die Bahnwiderstände R_D und R_S lassen sich (zumindest simulationsmäßig) mit den Schaltungen von Abb. 3.4 extrahieren.
Man erhält:

- den Bahnwiderstand R_D aus $I_G(J_1) = f(U_{GS1})$ für Drain auf Masse und Source offen
- den Bahnwiderstand R_S aus $I_G(J_2) = f(U_{GS2})$ für Source auf Masse und Drain offen

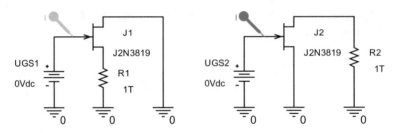

Abb. 3.4 Schaltungen zur Ermittlung der Bahnwiderstände

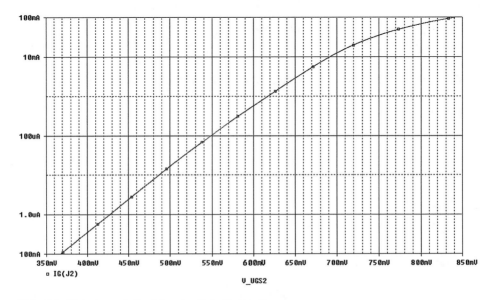

Abb. 3.5 Gatestrom als Funktion der Gate-Source-Spannung

Tab. 3.2 Werte der Durchlasskennlinie zur Extraktion der Bahnwiderstände

I_G	100 nA	1 µA	10 µA	100 µA	1 mA	10 mA	30 mA	100 mA
U_{GS}/mV	367,5	427,1	487	548,7	617,1	691,6	741	842,4

Analyse DC Sweep, Voltage Source, Name: UGS2, Start Value: 0,35, End Value: 0,85. Increment: 0,1 m.

Bei $R_D = R_S$ ergeben sich identische Durchlasskennlinien, die mit MODEL EDITOR ausgewertet werden können. Aus Abb. 3.5 geht die Tab. 3.2 hervor.

Die Tab. 3.2 ist in die Tabelle $I_{fwd} = f(V_{fwd})$ von Model EDITOR zu überführen

Analyse Tools, Extract Parameters.

ERGEBNIS
$R_D = R_S = 1,01\ \Omega$

Die vorgegebenen Werte der Tab. 3.1 werden erfüllt. Bei dieser Parameterextraktion werden je nach Transistortyp u. U. die Grenzwerte des Gate-Durchlassstromes überschritten.

3.3 Kleinsignalmodell

Ausgehend vom Großsignalmodell des NJFET nach Abb. 3.1 erhält man das vereinfachte Kleinsignal-HF-Modell nach Abb. 3.6. In diesem Modell sind die Elemente-Werte des Transistors 2N 3819 für den Arbeitspunkt $U_{GS} = 0$ V; $U_{DS} = 10$ V eingetragen.

Diese Werte gehen aus den folgenden Beziehungen hervor:

- die Steilheit g_m mit Gl. (3.5) über den Drain-Source-Sättigungsstrom I_{DSS} und die Abschürspannung V_{TO}
- der Drain-Source-Ausgangswiderstand $r_{ds} = 1/g_{ds}$ mit Gl. (3.23) und Tab 3.3
- die Eingangskapazität C_{gs} mit Gl. (3.25) und Tab. 3.3
- die Rückwirkungskapazität C_{gd} mit Gl. (3.26) und Tab. 3.3

Die Elemente r_{ds}, C_{gs} und C_{gd} werden im folgenden Abschnitt über die maximalen stabilen Leistungsverstärkungen ermittelt.

Die Leitwertparameter zu diesem Modell lauten

$$y_{11s} = j\omega \cdot \left(C_{gs} + C_{gd} \right) \tag{3.7}$$

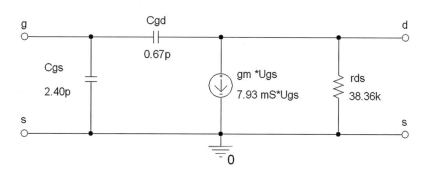

Abb. 3.6 Kleinsignalmodell des N-Kanal-Sperrschicht-Feldeffekttransistors 2N 3819

Tab. 3.3 Werte der maximalen stabilen Leistungsverstärkung bei $f = 1$ MHz

	$U_{DS1} = 5$ V	$U_{DS2} = 10$ V
v_{pss}	1487,1	1873,1
vpsg	301,8	305,2
v_{psd}	520,3	527

$$y_{12s} = -j\omega \cdot C_{gd} \tag{3.8}$$

$$y_{21s} = g_m - j\omega \cdot C_{gd} \tag{3.9}$$

$$y_{22s} = g_{ds} + j\omega \cdot C_{gd} \tag{3.10}$$

3.4   Maximale stabile Leistungsverstärkung

3.4.1 Berechnung

Aus den Leitwertparametern nach den Gl. (3.7) bis (3.10) erhält man den Quotienten y_{21}/y_{12} in den drei Grundschaltungen mit den dazugehörigen Phasenwinkeln wie folgt:

Sourceschaltung

$$\frac{y_{21s}}{y_{12s}} = 1 + j\frac{g_m}{C_{gd}} \cdot \frac{1}{\omega} \tag{3.11}$$

$$v_{pss} \approx \frac{g_m}{C_{gd}} \cdot \frac{1}{\omega} \tag{3.12}$$

$$\varphi_s = \arctan\left(\frac{g_m}{C_{gd}} \cdot \frac{1}{\omega}\right) \tag{3.13}$$

Gateschaltung

$$\frac{y_{21g}}{y_{12g}} = 1 + \frac{g_m}{g_{ds}} \tag{3.14}$$

$$v_{psg} = 1 + \frac{g_m}{g_{ds}} \tag{3.15}$$

$$\varphi_g = 0 \tag{3.16}$$

Drainschaltung

$$\frac{y_{21d}}{y_{12d}} = 1 - j\frac{g_m}{C_{gs}} \cdot \frac{1}{\omega} \tag{3.17}$$

$$v_{psd} = \frac{g_m}{C_{gs}} \cdot \frac{1}{\omega} \tag{3.18}$$

$$\varphi_d = -\arctan\left(\frac{g_m}{C_{gs}} \cdot \frac{1}{\omega}\right) \tag{3.19}$$

Während die maximalen stabilen Leistungsverstärkungen v_{pss} und v_{psd} proportional zum Kehrwert der Frequenz verlaufen, ist die entsprechende Leistungsverstärkung in der Gateschaltung v_{psg} gemäß Gl. (3.15) als frequenzunabhängig zu erwarten.

3.4.2 Simulationsschaltungen zur Leistungsverstärkung

Die Schaltungen zur Simulation der Frequenzabhängigkeit der maximalen stabilen Leistungsverstärkung im Arbeitspunkt $U_{GS} = 0$ V; $U_{DS} = 10$ V zeigen die Abb. 3.7, 3.8 und 3.9.

Sourceschaltung

$$v_{pss} = \frac{ID(J1)}{IG(J2)} \tag{3.20}$$

Abb. 3.7 Schaltungen zur maximalen stabilen Leistungsverstärkung in Sourceschaltung

Abb. 3.8 Schaltungen zur maximalen stabilen Leistungsverstärkung in Gateschaltung

Abb. 3.9 Schaltungen zur maximalen stabilen Leistungsverstärkung in Drainschaltung

Gateschaltung

$$v_{psg} = \frac{ID(J3)}{IS(J4)}$$ (3.21)

Drainschaltung

$$v_{psd} = \frac{IS(J5)}{IG(J6)}$$ (3.22)

AUFGABE

Im Arbeitspunkt $U_{GS} = 0$ V; $U_{DS} = 10$ V sind im Frequenzbereich $f = 10$ kHz zu simulieren:

- die Leistungsverstärkungen v_{pss}, v_{psg} und v_{psd}
- die Phasenwinkel φ_{ss}, φ_{sg} und φ_{sd}. ◀

Analyse AC Sweep, Logarithmic, Start Frequency: 10 kHz, End Frequency: 10 GHz, Points/Decade: 100.

Im Beispiel gelangt man zur Frequenzabhängigkeit von v_{pss} nach Abb. 3.8 mit den Schritten:
Trace, Add Trace, Trace Expression: ID(J1)/IG(J2), Plot, Axis Settings, Y Axis, User Defined: 1 to 200 k, Log, o. k.
Mit Abb. 3.10 wird bestätigt, dass die Leistungsverstärkungen v_{pss} und v_{psd} bei Erhöhung der Frequenz gemäß der Gl. (3.12 und 3.18) absinken und erst bei höchsten Frequenzen den Wert 1 zustreben, siehe die Gl. (3.11 und 3.17). Demgegenüber bleibt v_{psg} im betrachteten Frequenzbereich konstant.
Für v_{pss}; v_{psd} proportional zu 1/f betragen die Phasenwinkel $\varphi_s = 90°$ bzw. $\varphi_d = -90°$ während $\varphi_g = 0°$ ist, siehe die Gl. (3.13, 3.19 und 3.16).
Die Darstellungen zur Frequenzabhängigkeit der Phasenwinkel zeigt das Abb. 3.11.

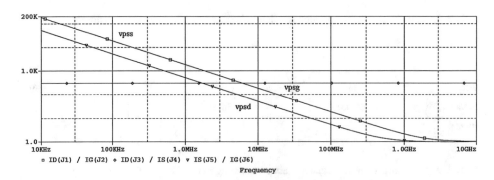

Abb. 3.10 Frequenzabhängigkeit von v_{ps} in Source-, Gate- und Drainschaltung

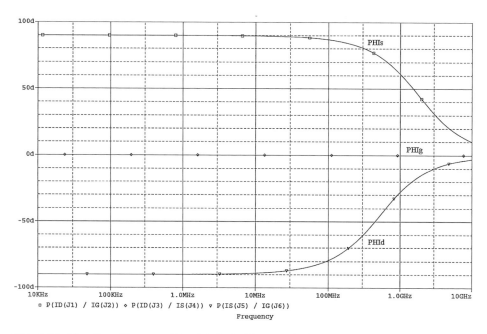

Abb. 3.11 Simulierte Frequenzabhängigkeit der Phasenverläufe von y_{21}/y_{12}

3.4.3   Extraktion von Modellparametern

In der Tab. 3.3 sind für zwei unterschiedliche Drain-Source-Spannungen die Werte der maximalen stabilen Leistungsverstärkung zusammengestellt.

Die Parameterermittlung erfolgt mit den Beziehungen nach [2–4]:

Ausgangsleitwert

$$g_{ds} = \frac{g_m}{v_{psg} - 1} \tag{3.23}$$

Modulationswert zur Kanallänge

$$\frac{1}{LAMBDA} = \frac{I_{DSS}}{g_{ds}} - U_{DS} \tag{3.24}$$

Gate-Source-Kapazität bei $U_{GS} = 0$

$$CGS = \frac{g_m}{v_{psd}} \cdot \frac{1}{\omega} \tag{3.25}$$

Tab. 3.4 Parameter des NJFET 2N 3819 bei $U_{GS} = 0$ V

Parameter	$U_{DS1} = 5$ V	$U_{DS2} = 10$ V
I_{DS}/mA	11,8	11,9
g_m/mS	7,88	7,93
g_{ds}/µS	26,22	26,07
r_{ds}/kΩ	38,13	38,36
$LAMBDA$/1/V	$2,25 \cdot 10^{-3}$	$2,24 \cdot 10^{-3}$
CGS/pF	2,41	2,395
C_{gd1}/pF	0,843	–
C_{gd2}/pF	–	0,674
CGD/pF	1,62	
M	0,369	

Gate-Drain-Kapazität zu U_{DG1} und U_{DG2}

$$C_{gd} = \frac{g_m}{v_{pss}} \cdot \frac{1}{\omega} \qquad (3.26)$$

Exponent zu den Kapazitäten

$$M = \frac{\lg\left(\dfrac{C_{gd1}}{C_{gd2}}\right)}{\lg\left(1 + \dfrac{U_{DG2}}{PB}\right) - \lg\left(1 + \dfrac{U_{DG1}}{PB}\right)} \qquad (3.27)$$

mit dem Richtwert der Diffusionsspannung $PB = 1$ V.

Gate-Drain-Kapazität bei $U_{GD} = 0$ V

$$CGD = C_{GD1} \cdot \left(1 + \frac{U_{DG1}}{PB}\right)^M \qquad (3.28)$$

Die Ergebnisse der Parameterermittlung für die beiden U_{DS}-Werte sind in der Tab. 3.4 zusammengestellt.

Die Ergebnisse von Tab. 3.4 decken sich mit denjenigen aus der Arbeitspunktanalyse und entsprechen weitgehend den Ausgangswerten von Tab. 3.1.

3.5   Ermittlung des Funkelrauschkoeffizienten

In der Schaltung nach Abb. 3.12 wird der NJFET 2N 3819 bei $U_{GS} = 0$ V; $U_{DS} = 10$ V betrieben. Die Arbeitspunktanalyse ergibt den Drainstrom $I_D = I_{DSS} = 11,9$ mA. Die Steilheit beträgt $g_m = 7,97$ mS.

Die Rauschanalyse erfolgt in Verbindung mit der Frequenzbereichsanalyse.

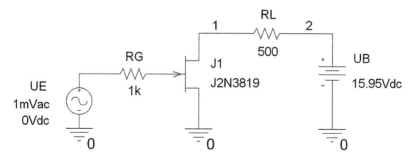

Abb. 3.12 Schaltung zur Ermittlung des Modellparameters K_F

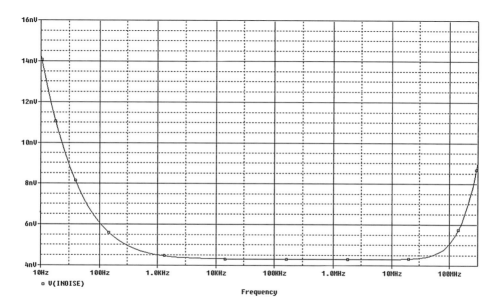

Abb. 3.13 Frequenzgang der äquivalenten Eingangsrauschspannung

Analyse AC Sweep, Start Frequency: 10, Logarithmic, End Frequency: 300 Meg, Points/ Decade: 30, Noise Analysis, Enabled, Output Voltage: V(1,2), I/V Source: UE, Intervall: 30.

Über Trace, Add Trace und dem Aufruf von V(INOISE) wird das Analyseergebnis für die äquivalente spektrale Eingangsrauschspannung nach Abb. 3.13 dargestellt.

Man erkennt die Bereiche des niederfrequenten Funkelrauschens, des frequenzunabhängigen Schrotrauschens und denjenigen Bereich, in dem das Rauschen auf Grund des Verstärkungsabfalls ansteigt.

Bei f = 100 Hz wird der typische Wert des Datenblatts V(INOISE) = 6 nV/$\sqrt{\text{Hz}}$ erreicht. Für die Parameterextraktion des Funkelrauschexponenten kann die in [5] angegebene Gleichung ausgewertet werden.

$$K_F = \frac{V(INOISE)^2 \cdot pg_m^{\,2} \cdot pf}{I_D^{\,AF} \cdot pdf} \tag{3.29}$$

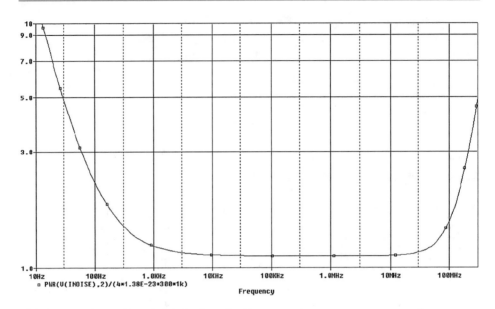

Abb. 3.14 Frequenzabhängigkeit der Rauschzahl

Mit dem näherungsweise gültigen Wert des Funkelrauschexponenten $A_F = 1$, der differenziellen Bandbreite $df = 1$ Hz, der Steilheit $g_m = 7{,}97$ mS, dem Drainstrom $I_D = 11{,}9$ mA
und mit V(INOISE) $= 14{,}276 nV/\sqrt{Hz}$ bei $f = 10$ Hz wird **$KF = 1{,}088 \cdot 10^{-17}$ A**.

Der Modellparameter nach Tab. 3.1 ist $K_F = 0{,}988 \cdot 10^{-17}$A.

Die Rauschzahl F kann ebenfalls über die äquivalente spektrale Eingangsrauschspannung bestimmt werden [2]. Es ist

$$F = \frac{\left(V(INOISE)\right)^2}{4 \cdot k \cdot T \cdot R_G} \tag{3.30}$$

Mit $k = 1{,}38 \cdot 10^{-23}$ Ws/K, $T = 300$ K und $R_G = 500\ \Omega$ wird die Frequenzabhängigkeit
der Rauschzahl im Diagramm nach Abb. 3.14 dargestellt.

Das Rauschmaß F_{dB} folgt aus der logarithmierten Rauschzahl F mit

$$F_{dB} = 10 \cdot p\lg(F) \tag{3.31}$$

Analyse Die Analyse ist wie für das Abb. 3.10 vorzunehmen.

Für das Rauschmaß ist einzutragen:

$F_{dB} = $ LOG10(PWR(V(INOISE),2)/(4*1.38E–23*300*1 k))

Man erhält das Diagramm nach Abb. 3.15.

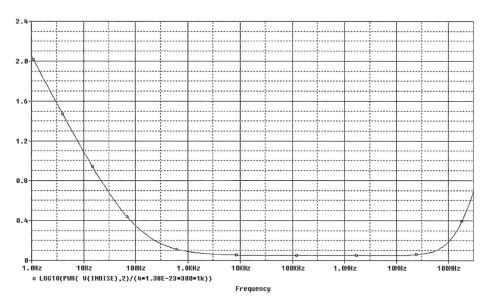

Abb. 3.15 Frequenzabhängigkeit des Rauschmaßes F_{dB}

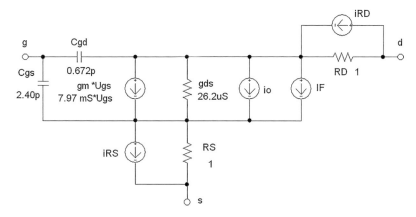

Abb. 3.16 Kleinsignalmodell des Sperrschicht-FET 2N 3819 mit Rauschquellen

Im Abb. 3.16 werden folgende Rauschquellen im Kleinsignalmodell für den Arbeitspunkt $U_{GS} = 0$ V; $U_{DS} = 10$ V berücksichtigt:

- Funkelrauschen mit i_F
- thermisches Rauschen mit i_{RD} und i_{RS}
- Schrotrauschen des Drainstromes mit i_o

Die Quadrate der obigen Rauschstromquellen werden berechnet mit [2]:

$$i_F^2 = K_F \cdot pI_D^{A_F} \cdot p\frac{df}{f} \qquad (3.32)$$

$$i_{R_D}{}^2 = \frac{4 \cdot pk \cdot pT \cdot pdf}{R_D} \tag{3.33}$$

$$i_{R_S}{}^2 = \frac{4 \cdot pk \cdot pT \cdot pdf}{R_S} \tag{3.34}$$

$$i_o{}^2 = \frac{8 \cdot pk \cdot pT \cdot pdf \cdot pg_m}{3} \tag{3.35}$$

In der Rauschanalyse von SPICE werden die Quadrate der Ausgangsrauschspannung der einzelnen Rauschbeiträge zur Gesamt-*Ausgangs*-Rauschspannung addiert.

Nachfolgend werden für $f = 10$ Hz dokumentiert: $(V(ONOISE))^2 = 3{,}102 \cdot 10^{-15}$ V²/Hz und somit V(ONOISE) $= 5{,}57 \cdot 10^{-8}$ V/$\sqrt{\text{Hz}}$, siehe Tab. 3.5.

Aus der analysierten Spannungsverstärkung $v_u = $ V(1,2)/V_VE $= 3{,}902$ folgt die Eingangs-Rauschspannung V(INOISE) $=$ V(ONOISE)/$v_u = 1{,}428$ nV/$\sqrt{\text{Hz}}$. Dieser Wert wurde bereits zuvor bei der Extraktion des Funkelrauschkoeffizienten K_F herangezogen

Die Tab. 3.5, 3.6 und 3.7 zeigen die Ergebnisse der SPICE-Analyse.

Tab. 3.5 Rauschanalyse von SPICE zur Schaltung nach Abb. 3.10 bei $f = 10$ Hz

JFET SQUARED NOISE VOLTAGES (SQ V/HZ)	
J_J1	
RD	2,727E-24
RS	2,540E-19
ID	2,111E-17
FN	2,821E-15
TOTAL	2,842E-15

Tab. 3.6 Rauschen der Schaltungswiderstände und Ausgangsrauschen

**** RESISTOR SQUARED NOISE VOLTAGES (SQ V/HZ)	
R_RL	R_RG
TOTAL	8,077E-18 2,523E-16
TOTAL OUTPUT NOISE VOLTAGE = 3,102E-15 SQ V/HZ = 5,570E-08 V/RT HZ	

Tab. 3.7 Spannungsverstärkung und äquivalentes Eingangsrauschen

TRANSFER FUNCTION VALUE:
V(1,2)/V_VE = 3,902
EQUIVALENT INPUT NOISE AT V_VE = 1,428E-08 V/RT HZ

Literatur

1. CADENCE: Or CADPSPICE Demo-Versionen 9.2 bis 16.5
2. Baumann, P., Möller, W.: Schaltungssimulation mit Design Center, Fachbuchverlag Leipzig, (1994)
3. Ehrhardt, D.: Integrierte analoge Schaltungstechnik, Vieweg (2000)
4. Baumann, P.: und Mitautoren: Halbleiter-Praxis, Verlag Technik, Berlin (1976)
5. Hoefer, E.: Nielinger, H.: SPICE. Analyseprogramm. Springer-Verlag, (1985)

MOS-Feldeffekttransistoren

4

Zusammenfassung

Beschrieben wird die Extraktion der Modellparameter von N-Kanal- und P-Kanal-MOSFET aus dem CMOS-Array CA 3600. Einige Parameter wie die Schwellspannung oder die Steilheit lassen sich aus der Übertragungskennlinie gewinnen. Dabei wird der auch der Einfluss der Bulk-Elektrode erfasst. Die Bulk-Drain- und Bulk-Source-Kapazitäten werden über die Frequenzabhängigkeit der maximalen stabilen Leistungs-verstärkung ermittelt.

4.1 Großsignalmodell

Ähnlich wie bei den Sperrschichtfeldeffekttransistoren unterscheidet man bei den MOS-FET zwei Kennlinienbereiche. Für den N-Kanal-MOSFET erhält man nach [1–4]:

Linearbereich mit $U_{DS} \leq U_{GS} - V_{TH}$

$$I_D \approx KP \cdot \frac{W}{L} \cdot \left(U_{GS} - V_{TH} - \frac{U_{DS}}{2} \right) \cdot U_{DS} \qquad (4.1)$$

Einschnürbereich mit $U_{DS} > U_{GS} - V_{TH}$

$$I_D = \frac{KP}{2} \cdot \frac{W}{L} \cdot \left(U_{GS} - V_{TH} \right)^2 \cdot \left(1 + LAMBDA \cdot U_{DS} \right) \qquad (4.2)$$

Der Drainstrom I_D ist proportional zum Quotienten aus Kanalweite W und Kanallänge L. Die Transkonduktanz KP hängt von der Beweglichkeit U_O der Ladungsträger an der

P. Baumann, *Parameterextraktion bei Halbleiterbauelementen*,
https://doi.org/10.1007/978-3-658-43821-0_4

Kanaloberfläche sowie von den Parametern des Gate-Oxids (Dielektrizitätskonstante ε und Oxidtiefe T_{OX}) ab mit

$$KP = U_0 \cdot \frac{\varepsilon_0 \cdot \varepsilon_{ox}}{T_{OX}} \tag{4.3}$$

Die allgemeine Schwellspannung V_{TH} steigt an, wenn die Sperrspannung U_{SB} erhöht wird. Der Grad dieser Verschlechterung wird durch den Bulk-Schwellspannungsparameter *GAMMA* im Zusammenwirken mit dem Oberflächenpotenzial *PHI* beschrieben:

$$V_{TH} = V_{TO} + GAMMA \cdot \left(\sqrt{PHI + U_{SB}} - \sqrt{PHI} \right) \tag{4.4}$$

Im Sonderfall $U_{SB} = 0$ wird $V_{TH} = V_{TO}$.

Die Modellparameter *GAMMA* und *PHI* werden von der Dotierung des Bulk bestimmt. Für $U_{BD} < F_C \cdot PB$ gilt für die Sperrschichtkapazitäten

$$C_{bd} = \frac{CBD}{\left(1 - \dfrac{U_{BD}}{PB}\right)^{M_J}}; C_{bs} = \frac{CBS}{\left(1 - \dfrac{U_{BS}}{PB}\right)^{M_J}} \tag{4.5}$$

und für die Überlappungskapazitäten

$$C_{gd} = CGDO \cdot W; C_{gs} = CGSO \tag{4.6}$$

Das dynamische Großsignalmodell des MOSFET nach Abb. 4.1 umfasst

- die Stromquelle I_D
- die Gate-Drain- und Gate-Source-Kapazitäten C_{gd} und C_{gs}
- die Bahnwiderstände R_D und R_S
- die Bulkdioden D_{bd} und D_{bs}
- die mit dem Bulk verknüpften Kapazitäten C_{gb}, C_{bd} und C_{bs}

In der Tab. 4.1 sind Modellparameter der N-Kanal- und P-Kanal-Anreicherungs-MOSFET aus dem CMOS-Array CA 3600E aufgeführt.

Diese Parameter entstammen weitgehend der Quelle: RCA 89-07-21.

Hinzugefügt wurden Richtwerte der Parameter:

- Bulk-Schwellspannungsparameter *GAMMA*
- Exponent zu Sperrschichtkapazitäten M_J
- Bulk-Sperrschicht-Diffusionsspannung *PB*

Die obigen Parameter dienen dazu, die Transistoreigenschaften für den Fall zu untersuchen, dass zwischen Bulk und Source eine Sperrspannung angelegt wird. Eine derartige

Abb. 4.1 Dynamisches Großsignalmodell des N-Kanal-MOSFET

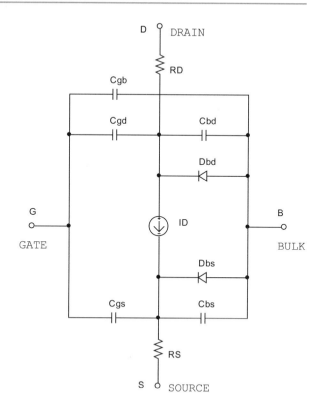

Tab. 4.1 SPICE-Modellparameter von MOSFET aus einem CMOS-Array

SPICE-Symbol	SPICE-Modellparameter	Einheit	NMOSFET CA 3600EN	PMOSFET CA 3600EP
L	Kanallänge	m	8u	8u
W	Kanalweite	m	144u	328u
KP	Transkonduktanz	A/V^2	20,54u	10,32u
VTO	Schwellspannung bei $U_{SB} = 0$	V	1,3	−1,5
LAMBDA	Kanallängen-Modulationswert	1/V	15 m	15 m
UO	Oberflächenbeweglichkeit	cm^2/Vs	600	300
TOX	Oxidtiefe	m	300n	300n
GAMMA	Bulk-Schwellspannungsparameter	(V)$^{1/2}$	0,7	0,4
RD	Drain-Bahnwiderstand	Ω	1	1
RS	Source-Bahnwiderstand	Ω	1	1
CBD	Bulk-Drain-Kapazität bei $U_{BD} = 0$	F	4p	8p
CBS	Bulk-Source-Kapazität bei $U_{BS} = 0$	F	4p	8p
MJ	Exponent der Sperrschichtkapazitäten	–	0,5	0,5
PB	Bulk-Sperrschicht-Diffusionsspannung	V	0,8	0,8
CGDO	W-bezogene G-D-Überlappungskapazität	F/m	1,7n	1,7n
CGSO	W-bezogene G-S-Überlappungskapazität	F/m	1,7n	1,7n

Beschaltung ist bei etlichen CMOS-Schaltungen wie zum Beispiel beim Übertragungs-
gatter oder bei NAND- bzw. NOR-Schaltungen zu realisieren.

Die nachfolgenden Untersuchungen haben das Ziel, den eingegebenen Modellinhalt
der integrierten N- und P-Kanal-MOSFET mit statischen und dynamischen Analysen der
Parameterextraktion zurück zu gewinnen.

Zu den Extraktionsverfahren zählen:

- Kennlinienanalysen zur Gewinnung der Schwellspannungen V_{TO} bzw. V_{TH}, der Steilheiten g_m bzw. g_{mb} und der Transkonduktanz K_P.
- Auswertungen der Frequenzabhängigkeit der maximalen stabilen Leistungsverstärkung
zur Ermittlung der Kapazitäten der MOS-Feldeffekttransistoren.

In die Untersuchungen werden die Gleichungen zum Großsignalmodell nach Abb. 4.1 als
auch die aus dem Kleinsignalmodell hervorgehenden Gleichungen herangezogen. Die extrahierten Modellparameter werden mit den entsprechenden Eingabewerten aus der
Tab. 4.1 verglichen.

Die beim NMOSFET angelegten Gleichspannungen sind für den PMOSFET in ihrer
Polarität zu vertauschen.

4.2   Extraktion von Modellparametern aus Kennlinien

Die Schaltungen nach Abb. 4.2 sind für $U_{GS} = U_{DS}$, also für $U_{DG} = 0$ ausgelegt, womit die
Betriebsweise der MOSFET im Einschnürbereich gewährleistet wird. Die Bulk-Source-
Spannung wird als Parameter mit

- $U_{BS} = 0$ V und $U_{BS} = -5$ V für den NMOSFET
- $U_{BS} = 0$ V und $U_{BS} = 5$ V für den PMOSFET

vorgegeben.

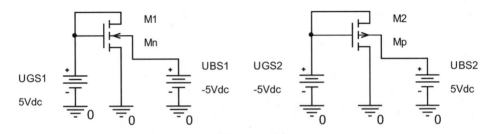

Abb. 4.2   Auswerteschaltungen für NMOSFET und PMOSFET

AUFGABE

Zur ermitteln sind die Drainströme I_D, die Steilheiten g_m und g_{mb} sowie die Modellparameter *VTO*, *KP*, *L*, *W* und *GAMMA*. Dazu ist am Beispiel des NMOSFET wie folgt zu verfahren:

- Aus der Break-Bibliothek ist MbreakN4 aufzurufen.
- Das Transistorsymbol ist zu markieren und „Edit, Pspice Model" ist anzuwählen.
- Die Modellparameter des NMOSFET von Tab. 4.1 sind einzugeben.
- Die Kennlinien I_{D1}; $\sqrt{I_{D1}} = f(U_{GS1})$ mit U_{BS} als Parameter sind darzustellen. ◄

Analyse DC Sweep, Primary Sweep, Voltage Source: UGS1, Start Value: 0 V, End Value: 5 V, increment: 1 m, Secondary Sweep, Voltage Source: UBS1, Value List: −5 V, 0 V.

ERGEBNIS

Mit gesetztem Strommesser (Current Marker) erscheinen im Abb. 4.3 die Kennlinie $I_{D1} = f(U_{GS1})$ mit $U_{BS1} = 0$ V sowie die Kennlinie mit der Sperrspannung $U_{BS1} = -5$ V.
Die Kennlinien $\sqrt{I_{D1}} = f(U_{GS1})$ sind darstellbar über:
Plot, Add Plot to Window, Trace, Trace Expression: SQRT(ID(M1)).

Modellparameter des NMOSFET

Aus Abb. 4.3 folgen die extrahierten Modellparameter mit:

- $V_{TO} = \mathbf{1,3}$ **V** für $U_{BS} = 0$ V
- $V_{TH} = \mathbf{2,41}$ **V** für $U_{BS} = -5$ V

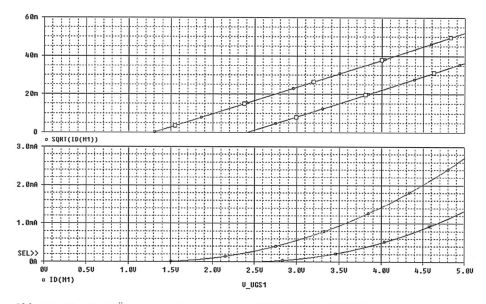

Abb. 4.3 Simulierte Übertragungskennlinien des NMOSFET CA 3600EN

- $GAMMA = 0,7$ $\sqrt{V}$ mit Gl. (4.4) für $PHI = 0,6$ V
- $KP \cdot W/L = 0,37$ mA/V² aus Gl. (4.2)

Mit der angelegten Bulk-Source-Spannung von $U_{BS} = 5$ V erscheint die allgemeine Schwellspannung V_{TH} mit nahezu dem doppelten Wert der Schwellspannung V_{TO}. Diese Erhöhung der Schwellspannung wird von den Modellparametern GAMMA und PHI, das heißt von den Eigenschaften des Oxids und der Höhe der Substratdotierung bestimmt.

Der Ausdruck $KP \cdot W/L$ des NMOSFET entspricht in der Analogie zum NJFET dem zweifachen $BETA$-Wert und ist somit maßgeblich für die Verknüpfung des Drainstromes mit den anliegenden Spannungen. Für eine Auftrennung dieses Ausdrucks sind Angaben zur Technologie erforderlich. Zielführend für eine Parameterextraktion ist weiterhin die Auswertung von MOSFET-Arrays, die bei gleichen Prozessschritten mit unterschiedlichen Flächen hergestellt werden.

Transistorkenngrößen des NMOSFET

Im Arbeitspunkt $U_{DS1} = U_{GS1} = 5$ V entnimmt man aus Abb. 4.3 die Drainströme für $U_{SB} = 0$ V bzw. für $U_{SB} = -5$ V. Die Steilheit g_m folgt über

$$g_m = \frac{2 \cdot I_D}{U_{GS} - V_{TH}} \tag{4.7}$$

Es ist $V_{TH} = V_{TO}$ bei $U_{BS} = 0$ V.

Die Steilheit g_{mb} in Abb. 4.5 wird nach [5] berechnet mit

$$g_{mb} = \frac{GAMMA \cdot g_m}{2 \cdot \sqrt{U_{SB} + PB}} \tag{4.8}$$

Die Ergebnisse sind in der Tab. 4.2 zusammengestellt.

Für den PMOSFET ist in der gleichen Weise wie beim NMOSFET vorzugehen, siehe das Abb. 4.4.

Tab. 4.2 Ermittelte Transistorkenngrößen des NMOSFET CA 3600EN bei $U_{GS} = U_{DS} = 5$ V

Parameter	I_{D1}/mA	g_m/mS	g_{mb}/mS
$U_{BS} = 0$ V	2,71	1,47	0,58
$U_{BS} = -5$ V	1,33	1,03	0,15

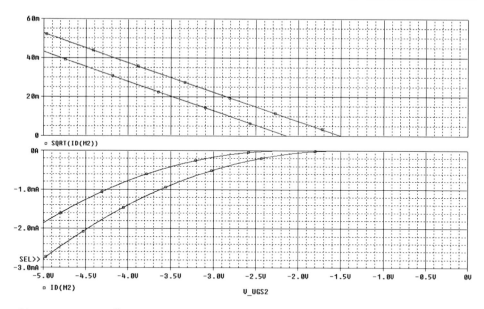

Abb. 4.4 Simulierte Übertragungskennlinien des PMOSFET CA 3600EP

Tab. 4.3 Ermittelte Transistorkenngrößen des PMOSFET CA 3600EP bei $U_{GS} = U_{DS} = -5$ V

Parameter	I_{D2}/mA	g_m/mS	g_{mb}/mS
$U_{BS} = 0$ V	−2,78	1,59	0,36
$U_{BS} = 5$ V	−1,86	1,30	0,11

Analyse DC Sweep, Primary Sweep, Voltage Source: UGS2, Start Value: 0 V, End Value: 5 V, Increment: 1 mV, Secondary Sweep, Voltage Source: UBS2, Value List: 0 V 5 V.

Die Wurzelbeziehung $\sqrt{I_{D2}} = f(U_{GS2})$ stellt man wiederum über SQRT(ID(M2)) dar. Damit erreicht man das Abb. 4.4.

Modellparameter des PMOSFET

Aus Abb. 4.4 gehen als extrahierte Werte hervor:

- $V_{TO} = \mathbf{-1{,}5}$ **V** für $U_{BS} = 0$ V
- $V_{TH} = \mathbf{-2{,}14}$ **V** für $U_{BS} = 5$ V
- $\mathbf{\mathit{GAMMA} = 0{,}4}$ $\sqrt{\mathbf{V}}$ aus Gl. (4.4) mit $PHI = 0{,}6$ V
- $\mathbf{\mathit{KP} \cdot \mathit{W/L} = 0{,}423}$ **mA/V²** aus Gl. (4.2)

Transistorkenngrößen des PMOSFET

Die Ergebnisse aus Abb. 4.4 und den Gl. (4.7 und 4.8) sind in der Tab. 4.3 zusammengestellt. Mit der angelegten Sperrspannung $U_{BS} = 5$ V werden der Drainstrom I_{D2} und die Steilheit g_m herabgesetzt.

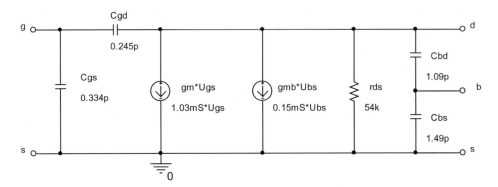

Abb. 4.5 HF-Kleinsignalmodell des NMOSFET für $U_{DS} = U_{GS} = 5$ V und $U_{BS} = -5$ V

4.3   Kleinsignalmodelle von MOSFET

Aus dem Großsignalmodell des NMOSFET nach Abb. 4.1 geht das vereinfachte HF-Modell des MOSFET für den Einschnürbereich nach [2, 4, 6] hervor, siehe Abb. 4.5. Dieses Modell ist für eine Beschaltung der Elektroden Gate, Drain, Bulk und Source ausgelegt.

$$\text{Dabei ist } r_{ds} = 1 / g_{ds}$$

Werden Bulk und Source kurzgeschlossen, dann entspricht die Kapazität $C_{bd} = 1{,}09$ pF in der Schaltung 4,5 dem Wert $C_{ds} = 1{,}09$ pF in der Schaltung 4,6.

Bei $U_{BS} = 0$ wurde nach Tab. 4.5 die Kapazität $C_{bd} = 1{,}49$ pF ermittelt. In der Reihenschaltung von C_{bd} mit C_{bs} ergibt sich $C_{ds} = 1{,}09$ pF nur dann, wenn $\boldsymbol{C_{bs} = CBD = 4}$ **pF** ist. Hierfür ist die folgende Beziehung auszuwerten:

$1/C_{ds} = 1/C_{bd} + 1/C_{BS}$, siehe Gl. (4.17), sowie Tab. 4.1.

Die Pfeilrichtung der Stromquelle $g_{mb} \cdot u_{bs}$ kehrt sich bei anliegender Sperrspannung u_{sb} um. Aus dem Abb. 4.5 ergibt sich somit das Kleinsignal-Modell nach Abb. 4.6.

4.4   Maximale stabile Leistungsverstärkung

4.4.1   Berechnung für $U_{BS} = 0$

Die Frequenzabhängigkeit der maximalen stabilen Leistungsverstärkung v_{ps} in den drei Grundschaltungen des HF-Modells nach Abb. 4.6 wird wie folgt beschrieben:

Sourceschaltung

$$v_{pss} = \frac{g_m}{C_{gd}} \cdot \frac{1}{\omega} \tag{4.9}$$

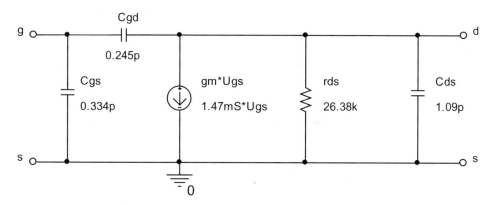

Abb. 4.6 HF-Kleinsignalmodell des NMOSFET für $U_{GS} = U_{DS} = 5$ V und $U_{BS} = 0$

Gateschaltung bei NF

$$v_{psg} = 1 + \frac{g_m}{g_{ds}} \tag{4.10}$$

Gateschaltungen bei HF

$$v_{psg} = \frac{g_m}{C_{bd}} \cdot \frac{1}{\omega} \tag{4.11}$$

$$v^*_{psg} = \frac{g_m}{C^*_{bd}} \cdot p \frac{1}{\omega} \tag{4.12}$$

Drainschaltung

$$v_{psd} = \frac{g_m}{C_{gs}} \cdot \frac{1}{\omega} \tag{4.13}$$

4.4.2 Simulationsschaltungen zur Leistungsverstärkung

Die folgenden Schaltungen in den Abb. 4.7, 4.8 und 4.9 zur maximalen stabilen Leistungsverstärkung v_{ps} können zur Ermittlung der Modellparameter, insbesondere der Kapazitätsparameter, genutzt werden.

Für den Arbeitspunkt $U_{GS} = U_{DS} = 5$ V sind die Analysen für $U_{BS} = 0$ V und $U_{BS} = -5$ V
als Parameter auszuführen.

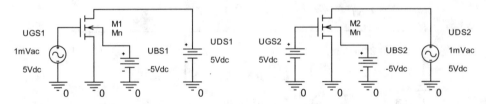

Abb. 4.7 Schaltungen zur Leistungsverstärkung in der Sourceschaltung bei $U_{BS} = -5$ V

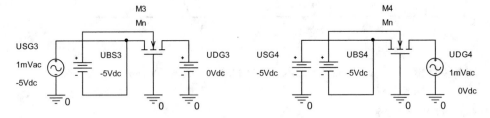

Abb. 4.8 Schaltungen zu Leistungsverstärkungen in der Gateschaltung bei $U_{BS} = -5$ V

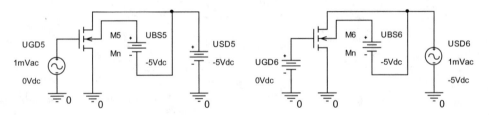

Abb. 4.9 Schaltungen zur Leistungsverstärkung in der Drainschaltung bei $U_{BS} = -5$ V

Sourceschaltung zur Ermittlung von C_{gd}:

$$v_{pss} = \frac{ID(M1)}{IG(M2)} \tag{4.14}$$

Gateschaltung zur Ermittlung von g_{ds} und C_{bd}:

$$v_{psg} = \frac{ID(M3)}{IB(M4) + IS(M4)} \tag{4.15}$$

Gateschaltung zur Ermittlung von C^{*}_{bd}:

$$v^{*}_{psg} = \frac{ID(M3)}{IB(M4)} \tag{4.16}$$

Für die bei $U_{BS} = 0$ auftretende Drain-Source-Kapazität C_{ds} nach Abb. 4.5 gilt:

$$C_{ds} = \frac{C_{bd} \cdot CBS}{C_{bd} + CBS} \tag{4.17}$$

Drainschaltung zur Ermittlung von C_{gs}:

$$v_{psd} = \frac{IB(M5) + IS(M5)}{IG(M6)} \tag{4.18}$$

AUFGABE

Im Arbeitspunkt $U_{GS} = U_{DS} = 5$ V mit den Parametern $U_{BS} = 0$ V; -5 V des NMOSFET ist die Frequenzabhängigkeit der maximalen stabilen Leistungsverstärkung v_{ps} in Source-, Gate- und Drainschaltung im Bereich $f = 10$ kHz bis zu 10 GHz zu simulieren. Zu analysieren sind die Schaltungen der Abb. 4.7, 4.8 und 4.9 mit der Spannung U_{BS} als Parameter. ◄

Analyse Bias Point, include Semiconductors. Man erhält:

- bei $U_{BS} = 0$ V: $I_D = 2{,}71$ mA, $U_{DG} = 0$ V, $V_{TO} = 1{,}3$ V, $g_m = 1{,}47$ mS, $g_{ds} = 37{,}9$ μS
- bei $U_{BS} = -5$ V: $I_D = 1{,}33$ mA, $U_{DG} = 0$ V, $V_{TH} = 2{,}41$ V, $g_m = 1{,}03$ mS, $g_{ds} = 18{,}5$ μS

Analyse AC Sweep, Logarithmic, Start Frequency: 10 kHz, End Frequency: 10 GHz, Points/Decade: 100.

Nach dem Ausführen der Analyse gelangt man über Trace, Add Trace und der Eingabe der Gl. (4.13) bis (4.15) zu Abb. 4.10 (bei $U_{BS} = 0$) bzw. zu Abb. 5.11 (bei $U_{BS} = -5$ V).
   Mit der Änderung der Bulk-Source-Spannungen von 0 V auf -5 V gelangt man zum Abb. 4.11.

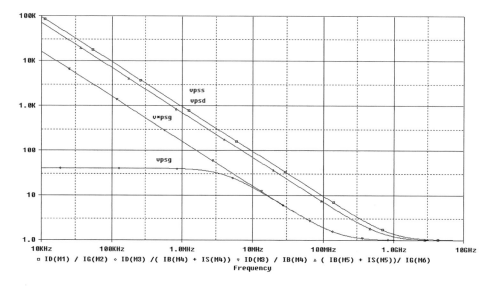

Abb. 4.10 Frequenzabhängigkeit der Leistungsverstärkung des NMOSFET bei $U_{BS} = 0$

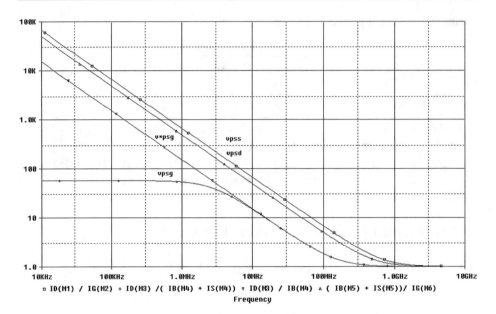

Abb. 4.11 Frequenzabhängigkeit der Leistungsverstärkung des NMOSFET bei $U_{BS} = -5$ V

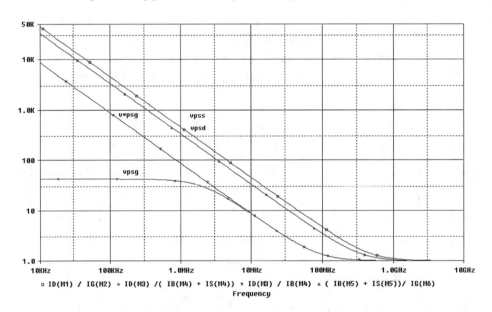

Abb. 4.12 Frequenzabhängigkeit der Leistungsverstärkung des PMOSFET bei $U_{BS} = 0$

Für den PMOSFET ergeben sich die Diagramme der Abb. 4.12 und 4.13.

Der PMOSFET wird im Arbeitspunkt $U_{GS} = U_{DS} = -5$ V mit den Parameterwerten der Bulk-Source-Spannung $U_{BS} = 0$ V und $U_{BS} = 5$ V untersucht. In den Schaltungen zur maximalen stabilen Leistungsverstärkung nach den Abb. 4.7, 4.8 und 4.9 sind daher die *Polaritäten* der Spannungen entsprechend *abzuändern*.

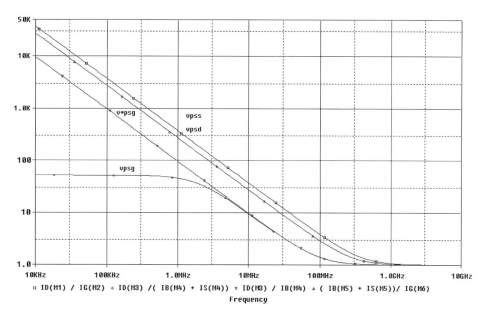

Abb. 4.13   Frequenzabhängigkeit der Leistungsverstärkung des PMOSFET bei $U_{BS} = 5$ V

Die Gl. (4.9) bis (4.18) und die Ausführung der Analyse zur Frequenzabhängigkeit von v_{pss}, v_{pcg} und v_{psd} behalten ihre Gültigkeit.

Den Einfluss einer höheren Sperrspannung U_{BS} zeigt das Abb. 4.13.

Für den PMOSFET liefert die Arbeitspunktanalyse (Bias Point) die Werte:

- bei $U_{BS} = 0$ V: $I_D = -2{,}78$ mA, $U_{DG} = 0$, $V_{TO} = -1{,}5$ V, $g_m = 1{,}59$ mS, $g_{ds} = 38{,}8$ μS
- bei $U_{BS} = 5$ V: $I_D = -1{,}86$ mA, $U_{DG} = 0$, $V_{TH} = -2{,}14$ V, $g_m = 1{,}30$ mS, $g_{ds} = 26$ μS

Für die Frequenzabhängigkeit der Leistungsverstärkungen ist anzusetzen:

Analyse   AC Sweep, Logarithmic, Start Frequency: 10 k, End Frequency: 10 GHz, Point/Decade: 100.

Wegen annähernd gleicher Werte für den Ausdruck $KP \cdot W/L$ ergibt sich bei $U_{BS} = 0$ V ein relativ geringer Unterschied bei der inneren Steilheit g_m der beiden MOSFET, aber wegen der höheren Kanalweite W des PMOSFET wird dessen Gate-Drain-Kapazität C_{gd} höher und somit die maximale stabile Leistungsverstärkung v_{pss} kleiner als die des NMOSFET.

4.4.3   Extraktion von Modellparametern über v_{ps}

4.4.3.1 Parameter des NMOSFET

Ausgangspunkt der Parameterermittlung sind die Werte der maximalen stabilen Leistungsverstärkung v_{ps} des NMOSFET bei $U_{GS} = U_{DS} = 5$ V mit $U_{BS} = 0$ bzw. mit $U_{BS} = -5$ V als Parameter nach Tab. 4.4

Tab. 4.4 Maximale stabile Leistungsverstärkungen des NMOSFET

Leistungsverstärkungen	$U_{BS} = 0\,V$		$U_{BS} = -5\,V$	
Grundschaltungen	10 kHz	15 MHz	10 kHz	15 MHz
v_{pss}		63,541		44,478
v_{psg}	39,777	10,411	56,463	10,066
$v*_{psg}$		10,808		10,228
v_{psd}		46,702		32,693

Tab. 4.5 Parameter des NMOSFET

Parameter	Gleichungen	$U_{BS} = 0\,V$	$U_{BS} = -5\,V$
C_{gd}/pF/	(4.9)	0,245	0,245
g_{ds}/µS	(4.10)	37,91	18,57
C_{bd}/pF	(4.11)	1,498	1,09
$C*_{bd}$/pF	(4.12)	1,44	1,07
C_{ds}	(4.17)	1,09	
C_{gs}/pF	(4.13)	0,334	0,334
LAMBDA/1/V	(3.24)	$15 \cdot 10^{-3}$	$15 \cdot 10^{-3}$
C_{bs}/pF	(4.5)	4	1,496

Die niedrige Frequenz von 10 kHz wird benötigt, um über die maximale stabile Leistungsverstärkung in der Gate-Schaltung den Ausgangsleitwert g_{ds} und somit den Parameter *LAMBDA* bestimmen zu können.

Die hohe Frequenz von 15 MHz ist dagegen erforderlich, um aus dem 1/f-Abfall der Leistungsverstärkungen die Transistorkapazitäten zu ermitteln.

Die Auswertung der Leistungsverstärkungen von Tab. 4.4 führt zu den Transistorkenngrößen der Tab. 4.5. Diese Tabellenwerte wurden bereits vorab in den Kleinsignal-Ersatzschaltungen der Abb. 4.5 und 4.6 verwendet.

Mit dem zuvor für $U_{BS} = 0$ erhaltenen Wert $C_{bs} = CBS = 4$ pF erhält man $C_{bs} = 1,496$ pF bei $U_{BS} = -5$ V nach Gl. (4.5).

AUSWERTUNG

- Die über v_{psd} gewonnene Gesamt-Eingangskapazität $C_{gs} = 0,334$ pF und die über v_{pss} ermittelte Überlappungskapazität C_{gd} sind unabhängig von der Spannung U_{BS}, sie entsprechen der Gl. (4.6) und werden durch die Arbeitspunktanalyse bestätigt.
- Der bei NF über v_{psg} erhaltene Leitwert $g_{ds} = 1/r_{ds}$ führt bei $U_{BS} = 0$ V zum gleichen *LAMBDA*-Wert wie für $U_{BS} = -5$ V.
- Die bei HF über v_{psg} ermittelten Sperrschichtkapazitäten C_{bd} sind abhängig von $U_{BD} = U_{DS} - U_{BS}$. Die Angabe $C_{bd} = 1,09$ pF bei $U_{DS} = U_{GS} = 5$ V und $U_{BS} = -5$ V gilt also für $U_{BD} = -10$ V. Die ermittelten C_{bd}-Kapazitäten entsprechen den Werten der Gleichung (4:5) und denen aus der Arbeitspunktanalyse. In der Tab. 4.6 wird die Abhängigkeit $C_{bd} = f(U_{DB})$ dargestellt.

Tab. 4.6 Auswertung zur Kapazität C_{bd} des NMOSFET bei $U_{BS} = 0$ V

U_{DB}/V	1,5	2	3	5	6
f/MHz	0,1	1	5	15	30
v_{psg}	50,943	19,856	11,447	10,411	7,3904
$v*_{psg}$	51,085	19,957	11,556	10,783	7,5912
g_m/mS	0,0756	0,267	0,656	1,47	1,89
C_{bd}/pF	2,36	2,14	1,824	1,496	1,36
$C*_{bd}/pF$	2,355	2,129	1,807	1,446	1,321

- Die über v_{psd} gewonnene Gesamt-Eingangskapazität $C_{gs} = 0,334$ pF entspricht der Summe der in der nachfolgenden Gl. (4.19) ausgewiesenen Teil-Kapazitäten.
- Es ist $CGSO \cdot W = 0,2448$ pF, siehe Tab. 4.1. Mit $\varepsilon_0 = 8,85 \cdot 10^{-12}$ As/Vm, $\varepsilon_{ox} = 3,9$ für SiO$_2$ und den Werten für L, W und TOX aus Tab. 4.1 wird $2/3 \cdot C_{ox} = 0,088$ pF und somit $C_{gs} = 0,333$ pF.
- Für den gewählten Arbeitspunkt $U_{DS} = U_{GS} = 5$ V entspricht die Kapazität C_{bs} bei $U_{BS} = -5$ V dem Wert von C_{bd} bei $U_{BS} = 0$ V, siehe Gl. (4.5). Ferner ist die Kapazität C_{ds} bei $U_{BS} = 0$ V so groß wie die Kapazität C_{bd} bei $U_{BS} = -5$ V, siehe die Ergebnisse der Arbeitspunktanalyse.

Die Gate-Source-Kapazität ist im Einschnürbereich:

$$C_{gs} = CGSO \cdot W + \frac{2}{3 \cdot} \cdot C_{ox} \tag{4.19}$$

mit

$$C_{ox} = \frac{\varepsilon_0 \cdot p\varepsilon_{ox} \cdot pL \cdot pW}{T_{ox}} \tag{4.20}$$

Die Ermittlung der SPICE-Modellparameter CBD, PB und MJ aus Gl. (4.5) erfolgt mit der Auswertung der Leistungsverstärkung v_{psg} nach Gl. (4.11), siehe Tab. 4.6. Diese Auswertung wird beim NMOSFET für $U_{GS} = U_{DS}$ bei Frequenzen vorgenommen, für die v_{psg} proportional zu $1/f$ verläuft.

Gibt man die Abhängigkeit $C_{bd} = f(U_{DB})$ als Tabelle in „junction capacity" von MODEL EDITOR ein, dann erhält man als *Extraktionsergebnis*:

$$CBD = \mathbf{4,096} \text{ pF}, PB = \mathbf{0,73} \text{ und } MJ = \mathbf{0,49}.$$

Damit werden die Ausgangswerte der Tab. 4.1 näherungsweise erreicht.

4.4.3.2 Parameter des PMOSFET

Die Auswertung der Frequenzabhängigkeit der maximalen stabilen Leistungsverstärkungen v_ps in den drei Grundschaltungen des PMOSFET bei $U_\text{GS} = U_\text{DS} = -5$ V führt zur Tab. 4.7.

Dabei gehen die Kapazitäten aus der HF-Auswertung der maximalen stabilen Leistungsverstärkung hervor, während aus der Gateschaltung bei NF der Ausgangswiderstand $r_\text{ds} = 1/g_\text{ds}$ gewonnen werden kann.

Aus den Angaben der Tab. 4.7 gehen die Parameter des PMOSFET von Tab. 4.8 hervor.

Der Modellparameter *LAMBDA* des PMOSFET wird mit der Gl. (3.24) und den Angaben der Tab. 4.3 für I_D und U_DS berechnet.

Die über die maximale stabile Leistungsverstärkung in der Drain-Schaltung nach Gl. (4.13) ermittelte Gesamt-Kapazität $C_\text{gs} = 0{,}756$ pF erfüllt die Gl. (4.19) mit $C_\text{gs} = CGSO \cdot W + 2/3 \cdot C_\text{ox} = 0{,}558$ pF $+ 0{,}201$ pF $= 0{,}759$ pF.

Im Arbeitspunkt $U_\text{GS} = U_\text{DS} = -5$ V und $U_\text{BS} = 0$ V entspricht die über Gl. (4.17) erhaltene Kapazität $C_\text{ds} = 2{,}12$ pF der Kapazität C_bd bei der Sperrspannung $U_\text{BS} = 5$ V. Dieser Zusammenhang wird nur dann erfüllt, wenn die Reihenschaltung aus der über v_psg ermittelten Kapazität $C_\text{bd} = 2{,}89$ pF und der bei $U_\text{BS} = 0$ V geltenden Sperrschichtkapazität **CBS = 8 pF** gebildet wird.

Ferner ist die Kapazität C_bd für $U_\text{BS} = 0$ V so groß wie die Kapazität C_bs bei $U_\text{BS} = 5$ V.

Die über die Leistungsverstärkungen v_ps gewonnenen Parameter der Tab. 4.8 werden von der Arbeitspunktanalyse weitgehend bestätigt.

Tab. 4.7   Maximale stabile Leistungsverstärkungen des PMOSFET

Leistungsverstärkung	$U_\text{BS} = 0$ V		$U_\text{BS} = 5$ V	
Grundschaltung	10 kHz	15 MHz	10 kHz	15 MHz
v_pss		30,342		24,747
v_psg	41,99	5,835	51,091	6,4998
$v*_\text{psg}$		5,890		6,5360
v_psd		22,31		18,202

Tab. 4.8   Parameter des PMOSFET bei $U_\text{GS} = U_\text{DS} = -5$ V

Parameter	Gleichung	$U_\text{BS} = 0$ V	$U_\text{BS} = 5$ V
C_gd/pF	(4.9)	0,556	0,557
$g_\text{ds}/\mu\text{S}$	(4.10)	38,79	25,95
C_bd/pF	(4.11)	2,89	2,12
$C*_\text{bd}/\text{pF}$	(4.12)	2,86	2,11
C_ds/pF	(4.17)	2,12	
C_gs/pF	(4.13)	0,756	0,758
LAMBDA/1/V	(3.24)	$15 \cdot 10^{-3}$	$15 \cdot 10^{-3}$
C_bs/pF	(4.5)	8	2,97

Literatur

1. CADENCE: OrCADPSPICE Demo-Versionen 9.2 bis 16.5
2. Hoefer, E.: Nielinger, H.:SPICe. Analyseprogramm. Springer- Verlag, (1985)
3. Sischka, F.: Notes on Modeling the Bipolartransistor, Hewlett-Packard, (1991)
4. Baumann, P., Möller, W.: Schaltungssimulation mit Design Center, Fachbuchverlag Leipzig, (1994)
5. Khakzar, H.: Entwurf und Simulation von Halbleiterschalungen mit PSPICE, expert-verlag (2006)
6. Laker, K. Sansen, W.:Design of Analog Integrated Circuits and Systems, MCGraw-Hill (1994)

Leistungs-MOS-Feldeffekttransistor 5

Zusammenfassung

Dargestellt wird die Extraktion der SPICE-Modellparameter des Leistungs-MOS-Feldeffekttransistors IRF 150. Statische Parameter wie die Schwellspannung folgen aus der Auswertung von Gleichstrom-Kennlinien. Die MOSFET-Kapazitäten können mit Messschaltungen bei der Frequenz von 1 MHz oder über die Auswertung der Frequenzabhängigkeit der maximalen stabilen Leistungsverstärkung in den drei Grundschaltungen extrahiert werden.

5.1 Modellparameter des Leistungs-MOSFET IRF 150

In der Tab. 5.1 ist eine Auswahl von SPICE-Modellparametern des N-Kanal-Anreicherungs-MOSFET IRF 150 aus der OrCAD-PSPICE-Version nach [1] zusammengestellt.

5.2 Extraktion der Modellparameter

5.2.1 Statische Modellparameter

Mit der Schaltung nach Abb. 5.1 wird die Schwellspannung über $I_D^{1/2} = f(U_{GS})$ ermittelt [2].

Analyse DC Sweep, Voltage Source, Name: UGS, Linear, Start Value: 0, End Value: 6, Increment: 1m.

© Springer Fachmedien Wiesbaden GmbH, ein Teil von Springer Nature 2024   101
P. Baumann, *Parameterextraktion bei Halbleiterbauelementen*,
https://doi.org/10.1007/978-3-658-43821-0_5

Tab. 5.1 Ausgangsdaten des N-MOSFET IRF 150

SPICE-Symbol	SPICE-Modellparameter	Einheit	N-MOSFET IRF 150
L	Kanallänge	m	2u
W	Kanalweite	m	0,3
KP	Transkonduktanz	A/V^2	20,53u
VTO	Schwellspannung	V	2,831
RDS	Drain-Source-Parallelwiderstand	Ω	444,4k
RD	Drain-Bahnwiderstand	Ω	1,031m
RS	Source-Bahnwiderstand	Ω	1,624m
RG	Gate-Bahnwiderstand	Ω	13,89
UO	Oberflächenbeweglichkeit	cm^2/Vs	600
TOX	Oxidtiefe	m	100n
IS	Sättigungsstrom	A	194 · E-18
TT	Bulk-pn-Transitzeit	s	288n
CBD	Bulk-Drain-Kapazität bei $U_{BD} = 0$	F	3,229n
MJ	Exponent der Sperrschichtkapazitäten	–	0,5
PB	Bulk-Sperrschicht-Diffusionsspannung	V	0,8
CGDO	W-bezogene G-D-Überlappungskapazität	F/m	1,679n
CGSO	W-bezogene G-S-Überlappungskapazität	F/m	9,027n

Abb. 5.1 Schaltung zur Auswertung statischer Modellparameter

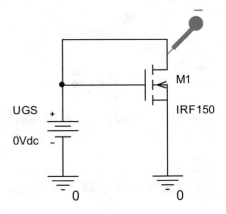

Aus dem Abb. 5.2 folgt die Schwellspannung bei $U_{BS} = 0$ mit $V_{TO} = 2{,}83$ V.

$$KP = U_O \cdot \frac{\varepsilon_0 \cdot \varepsilon_{ox}}{T_{0x}} \tag{5.1}$$

Mit den Dielektrizitätskonstanten $\varepsilon_0 = 8{,}854 \cdot 10^{-14}$ As/Vcm, $\varepsilon_{ox} = 3{,}9$ sowie mit realistischen Werten der Oberflächenbeweglichkeit $\mu_0 = 600$ cm^2/Vs und der Oxidtiefe $T_{ox} = 100$ nm wird **KP = 20,72 μA/V^2**.

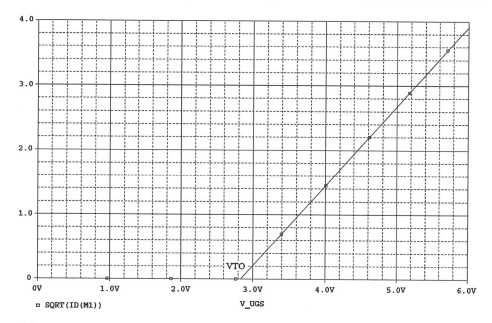

Abb. 5.2 Ermittlung der Schwellspannung für MOSFET IRF 150

Der Quotient aus Kanalweite zur Kanallänge folgt über

$$\frac{W}{L} = \frac{2 \cdot I_D}{KP \cdot \left(U_{GS} - V_{TO}\right)^2} \tag{5.2}$$

Aus der Schaltung nach Abb. 5.1 erhält man mit $I_D = 15{,}213$ A bei $U_{GS} = U_{DS} = 6$ V den Wert **$W/L = 1{,}46129 \cdot 10^5$** bzw. **$KP \cdot W/L = 3{,}0278$ A/V^2**. Für die Kanallänge **$L = 2\ \mu m$** (Kurzkanal-Struktur) wird **$W = 2{,}9223 \cdot 10^5\ \mu m = 0{,}29223$ m**.

5.2.2   Vierpol-Kapazitäten

Mit den Schaltungen nach Abb. 5.3 werden die folgenden Vierpol-Kapazitäten bei $U_{DS} = 25$ V und $U_{GS} = 0$ V ermittelt:

Eingangskapazität

$$C_{11s} = \frac{IMG(IG(M1)/V(M1:g))}{2 \cdot \pi \cdot f} \tag{5.3}$$

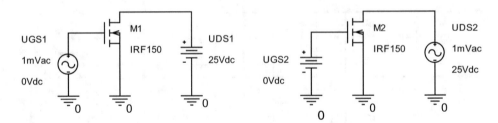

Abb. 5.3 Schaltungen zur Erfassung der Vierpol-Kapazitäten bei $U_{GS} = 0$ V

Rückwirkungskapazität

$$C_{12s} = \frac{IMG(IG(M2)/V(M2:d))}{2 \cdot \pi \cdot f} \tag{5.4}$$

Ausgangskapazität

$$C_{22s} = \frac{IMG(ID(M2)/V(M2:d))}{2 \cdot \pi \cdot f} \tag{5.5}$$

Für die Eingangskapazität wird der erforderliche wechselstrommäßige Kurzschluss am Ausgang über die Gleichspannung U_{DS1} realisiert.

Demgegenüber wird für die Rückwirkungs- und Ausgangkapazität der eingangsseitige Kurzschluss mit der Gleichspannung U_{GS2} erreicht.

Analyse AC Sweep, Start Frequency: 10k, End Frequency: 10Meg, Log, Points/Dec.: 100.

Aus Abb. 5.4 gehen bei $f = 1$ MHz hervor:

- $C_{11s} = C_{gs} + C_{gd} = 3,1397$ nF
- $C_{12s} = C_{gd} = 0,4625$ nF
- $C_{22s} = C_{bd} + C_{gd} = 1,0662$ nF

Mit der obigen Kapazität $C_{gd} = 0,4625$ nF bei $f = 1$ MHz erhält man $C_{gs} = 2,6772$ nF sowie $C_{bd} = 0,6037$ nF. Damit lassen sich die Kapazitäts-Modellparameter wie folgt berechnen:

a) die auf die Kanalweite W bezogenen Kapazitäten bei $U_{GS} = 0$; $U_{DS} = 25$ V:

$$CGDO = \frac{C_{gd}}{W} \tag{5.6}$$

$$CGSO = \frac{C_{gs}}{W} \tag{5.7}$$

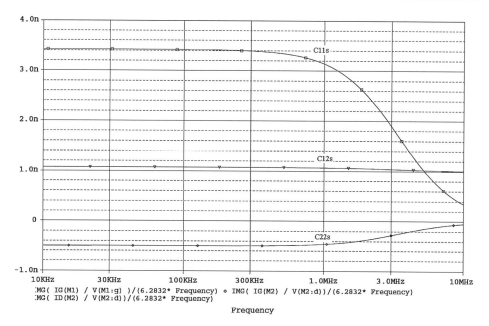

Abb. 5.4 Frequenzabhängigkeit der Vierpol-Kapazitäten des Transistors IRF 150

b) die bei $U_{DB} = 0$ geltende Bulk-Drain-Sperrschichtkapazität gemäß

$$CBD = C_{bd} \cdot \left(1 + \frac{U_{DB}}{PB} \right)^{MJ} \tag{5.8}$$

Mit der Schaltung nach Abb. 5.3 kann ferner die Frequenzabhängigkeit des Realteils vom Ausgangsleitwert

$$g_{22s} = \mathrm{Re} \left(\frac{ID(M2)}{V(M2:d)} \right) \tag{5.9}$$

analysiert werden.

Bei NF folgt der Drain-Source-Widerstand als Modellparameter mit $R_{DS} = 1/g_{ds}$.

Analyse AC Sweep, Start Frequency: 1k, End Frequency: 100k, Log, Points/Decade: 100.

Das Analyseergebnis ist im Abb. 5.5 dokumentiert.

Bei $f = 1$ kHz ist $g_{ds} = 2,25$ µS und somit $R_{DS} = 444,4$ **kΩ**.

In der Tab. 5.2 werden die ermittelten Werte den eingegebenen Modellparametern nach der Tab. 5.1 gegenübergestellt.

Die betreffenden Ausgangsparameter der Tab. 5.1 werden somit näherungsweise erreicht.

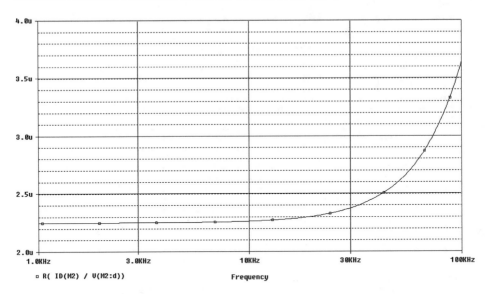

Abb. 5.5 Realteil des Ausgangsleitwertes als Funktion der Frequenz

Tab. 5.2 Kapazitätsparameter des Transistors IRF 150

Modellparameter	Einheit	Gleichung	ermittelter Wert	Tab. 5.1
CGDO	nF/m	(5.6)	1,583	1,679
CGSO	nF/m	(5.7)	9,161	9,027
CBD	nF	(5.8)	3,428	3,229
RDS	kΩ	(5.9)	444,4	444,4

5.2.3   Maximale stabile Leistungsverstärkung

5.2.3.1 Simulationsschaltungen zu v_{ps}

AUFGABE

Die maximalen stabilen Leistungsverstärkungen in den drei Grundschaltungen sind im Arbeitspunkt $U_{GS} = U_{DS} = 3,5$ V für den Frequenzbereich von 1 Hz bis 100 kHz zu erfassen. ◀

Analyse AC Sweep, Start Frequency: 1, End Frequency: 100k, Logarithmic, Points/ Dec.: 100.

Sourceschaltung zur Ermittlung von C_{gd} (Abb. 5.6)

$$v_{pss} = \frac{ID(M1)}{IG(M2)}$$
(5.10)

Gateschaltung zur Ermittlung von C_{bd}

$$v_{psg} = \frac{ID(M3)}{IB(M4)+IS(M4)} \tag{5.11}$$

Gateschaltung zur Ermittlung von $C*_{bd}$ (Abb. 5.7)

$$v^*_{psg} = \frac{ID(M3)}{IB(M4)} \tag{5.12}$$

Dabei ist $I_D(M_4) = I_B(M_4) + I_S(M_4)$.

Drainschaltung zur Ermittlung von C_{gs} (Abb. 5.8 und 5.9)

$$v_{psd} = \frac{IB(M5)+IS(M5)}{IG(M6)} \tag{5.13}$$

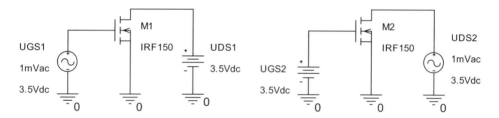

Abb. 5.6   Simulationsschaltungen zu Leistungsverstärkung v_{pss}

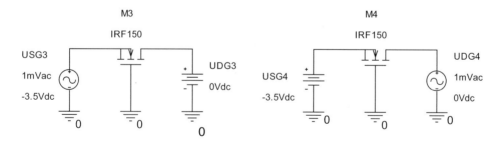

Abb. 5.7   Simulationsschalungen zur Leistungsverstärkung v_{psg}

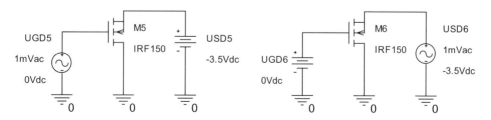

Abb. 5.8   Simulationsschaltungen zur Leistungsverstärkung v_{psd}

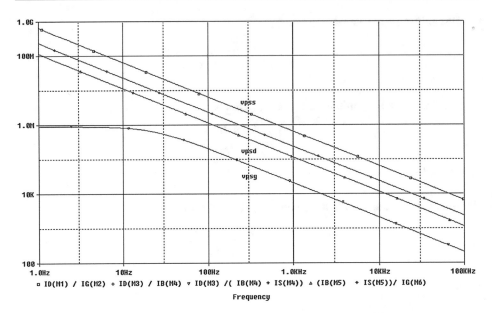

Abb. 5.9 Frequenzgang der maximalen stabilen Leistungsverstärkungen für den Transistor IRF 150

Tab. 5.3 Auswertung von v_{ps}-Werten bei $U_{GS} = U_{DS} = 3,5$ V

Frequenz	v_{pss}	v_{psg}	v^*_{psg}	v_{psd}
1 Hz	–	$9,131 \cdot 10^5$	–	–
1 kHz	$6,477 \cdot 10^5$	$2,073 \cdot 10^4$	$2,312 \cdot 10^5$	$1,15 \cdot 10^5$

5.2.3.2 Ermittlung von Modellparametern über die Leistungsverstärkung

In der Tab. 5.3 sind v_{ps}-Werte zusammengestellt, mit denen die Kapazitäten erfasst werden.

Aus dem Diagramm von Abb. 5.2 ist $I_D = 0{,}687$ A bei $U_{GS} = U_{DS}$ 3,5 V. Für diesen Drainstrom und die Schwellspannung $V_{TO} = 2{,}83$ V erhält man die Steilheit g_m über

$$g_m = \frac{2 \cdot I_D}{U_{GS} - V_{TO}} \qquad (5.14)$$

mit dem Wert **$g_m = 2{,}051$ A/V**.

Bei NF kann der Drain-Source-Widerstand $R_{DS} = 1/g_{ds}$ als SPICE-Parameter ermittelt werden:

$$g_{ds} = \frac{g_m}{v_{psg} - 1} \qquad (5.15)$$

ERGEBNIS

$g_{ds} = 2{,}25$ µF und $\boldsymbol{R_{DS} = 445{,}2}$ **kΩ**. In der Tab. 5.1 ist $R_{DS} = 444{,}4$ kΩ.

Diese Ermittlung ist wegen der niedrigen Frequenz nur als Simulationsergebnis zu werten, siehe hierzu auch die Auswertung von Abb. 5.5 und Tab. 5.2.

Die Transistorkapazitäten lassen sich über den 6 dB/Oktave-Abfall der maximalen stabilen Leistungsverstärkungen auswerten:

$$C_{gd} = \frac{g_m}{v_{pss}} \cdot \frac{1}{\omega} \tag{5.16}$$

$$C_{ds} = \frac{g_m}{v_{psg}} \cdot \frac{1}{\omega} \tag{5.17}$$

$$C^*_{bd} = \frac{g_m}{v^*_{psg}} \cdot \frac{1}{\omega} \tag{5.18}$$

$$C_{gs} = \frac{g_m}{v_{psd}} \cdot \frac{1}{\omega} \tag{5.19}$$

Die Gesamtkapazität C_{dbs} nach Gl. (5.19) enthält neben der Bulk-Drain-Sperrschicht-Kapazität C_{bd} auch noch die Drain-Source-Kapazität C_{ds}.

Die auf die Kanalweite W bezogene Gate-Source-Überlappungskapazität $CGSO$ erhält man aus der Auswertung im Einschnürbereich zu:

$$CGSO = \frac{C_{gs} - \frac{2}{3} \cdot C_{ox}}{W} \tag{5.20}$$

mit

$$C_{ox} = \frac{\varepsilon \cdot \varepsilon_{ox} \cdot W \cdot L}{T_{ox}} \tag{5.21}$$

Die Tab. 5.4 zeigt die Kapazitäten, die mit den Gl. (5.16) bis (5.21) und den Werten aus der Tab. 5.3 bestimmt wurden.

Der Wert $C_{bd} = 1{,}39$ nF aus der Arbeitspunktanalyse der Schaltung 5,8 bzw. die Nullspannungs-Kapazität $CBD = 3{,}229$ nF als Modellparameter der Tab. 5.1 werden über die Auswertung der Gl. (5.12), (5.18) und (5.8) nahezu erreicht. Die Nullspannungs-Kapazität CBD geht also aus der Schaltung 5,7 dann hervor, wenn lediglich der Bulk-Strom $I_B(M_4)$ berücksichtigt wird. Dieses Vorgehen gelingt nur in der Simulation.

Die höhere Kapazität $C_{ds} = 15{,}747$ nF lässt sich mit der Schaltung 5,7 bei Einbezug der Summe der Ströme $I_B(M_4) + I_S(M4)$ simulieren (und gegebenenfalls messen), siehe hierzu die Gl. (5.11) und (5.17) und das Abb. 5.10.

Tab. 5.4 Transistorkapazitäten des Leistungs-MOSFET IRF 150

Kapazität	Einheit	Gleichung	Wert	Tab. 5.1
C_{gd}	nF	(5.16)	0,504	–
CGDO	nF/m	(5.6)	1,725	1,679
C_{ds}	nF	(5.17)	15,747	–
C^*_{bd}	nF	(5.18)	1,41	–
CBD	nF	(5.8)	3,269	3,229
C_{gs}	nF	(5.19)	2,838	–
CGSO	nF/m	(5.21)	9,246	9,027

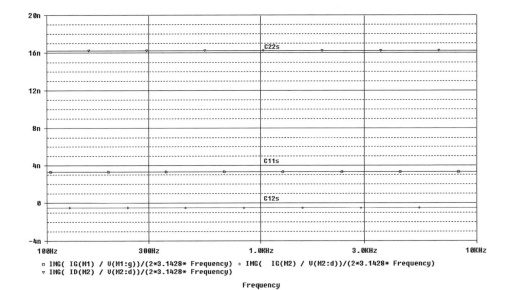

Abb. 5.10 Vierpolkapazitäten des MOSFET IRF 150 bei $U_{GS} = U_{DS} = 3{,}5$ V

Mit $\varepsilon_0 = 8{,}85 \cdot 10^{-12}$ As/m, $\varepsilon_{ox} = 3{,}9$ für SiO_2, $W = 0{,}29233$ m, $T_{ox} = 100$ nm wird $C_{ox} = 0{,}2018$ nF nach Gleichung (5.23), $C_{gs} = 2{,}838$ nF nach Gl. (5.20) und damit $CGSO = 9{,}246$ nF nach Gl. (5.21).

Die Eingabedaten der Kapazitäts-Modellparameter CGDO und CGSO aus der Tab. 5.1 werden annähernd erreicht und die Kapazität CBD folgt über v^*_{psg} simulationsmäßig mit der alleinigen Berücksichtigung des Bulk-Wechselstromes $I_B(M_4)$. Zur messtechnischen Erfassung von CBD siehe auch Tab. 5.2.

Im Abb. 5.10 werden die Vierpol-Kapazitäten im gleichen Arbeitspunkt $U_{GS} = U_{DS} = 3{,}5$ V simuliert. Dazu werden in der Schaltung nach Abb. 5.3 die Gl. (5.3) bis (5.5) ausgewertet.

Analyse AC Sweep, Start Frequency: 100, End Frequency: 10k, Log, Points/Dec.: 100. Die Auswertung der Kapazitäten aus Abb. 5.10 bei $f = 1$ kHz zeigt die Tab. 5.5.

Tab. 5.5 Kapazitäten des MOSFET IRF 150 bei $U_{GS} = U_{DS} = 3{,}5$ V

C_{11s}/nF	3,340	C_{gs}/nF	2,837
$-C_{12s}$/nF	0,504	C_{gd}/nF	0,504
C_{22s}/nF	16,232	C_{ds}/nF	15,728

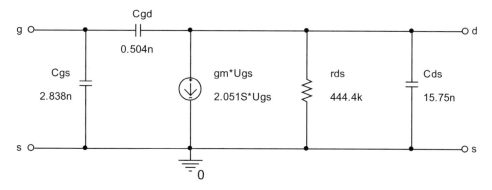

Abb. 5.11 Kleinsignalmodell des Leistungs-MOSFET IRF 150 bei $U_{GS} = U_{DS} = 3{,}5$ V

Die Vierpolkapazitäten (Eingangskapazität C_{11s}, Rückwirkungskapazität $-C_{12s}$ und Ausgangskapazität C_{22s}) führen zu den Kapazitäten des Kleinsignalmodells mit:

- $C_{gd} = -C_{12s}$
- $C_{gs} = C_{11s} - C_{gd}$; $C_{ds} = C_{22s} - C_{gd}$

Diese Kapazitäten stimmen mit den über die maximale stabile Leistungsverstärkung ermittelten Werten überein.

Das Abb. 5.11 zeigt abschließend das Kleinsignalmodell des MOSFET mit Parameter-Werten aus den Tab. 5.4 bzw. 5.5.

Literatur

1. CADENCE: OrCADPSPICE Demo-Versionen 9.2 bis 16.5
2. Baumann, P., Möller, W.: Schaltungssimulation mit Design Center, Fachbuchverlag Leipzig, (1994)

Operationsverstärker

6

Zusammenfassung

Die Parameterextraktion bezieht sich auf die Operationsverstärker μA 741 und LF 411. Einige Modellparameter werden über die simulierten Übertragungskennlinien für den Differenz- und Gleichtaktbetrieb gewonnen. Demonstriert wird die Anwendung der Übertragungsfunktions-Analyse. Dargestellt werden Gleichstrom-Modelle mit Eingangs- und Ausgangswiderständen sowie mit einer spannungsgesteuerten Spannungsquelle als auch Kleinsignal-HF-Modelle.

6.1 Aufbau und Hauptkenngrößen

Der Operationsverstärker ist ein mehrstufiger, gleichspannungsgekoppelter, integrierter Breitbandverstärker mit dem nichtinvertierenden P-Eingang, dem invertierenden N-Eingang und dem Ausgang A, siehe Abb. 6.1. Die Differenzspannung U_D wird bei offenem Ausgang mit der Leerlaufspannungsverstärkung v_{D0} verstärkt.

$$v_{D0} = \frac{U_A}{U_D}; U_D = U_P - U_N \tag{6.1}$$

Die Innenschaltung von Operationsverstärkern besteht allgemein aus den drei Baugruppen:

- Differenzverstärker als Eingangsstufe
- Spannungsverstärker als Zwischenstufe
- Gegentakt-AB- bzw. Eintakt-A-Verstärker als Ausgangsstufe

© Springer Fachmedien Wiesbaden GmbH, ein Teil von Springer Nature 2024
P. Baumann, *Parameterextraktion bei Halbleiterbauelementen*,
https://doi.org/10.1007/978-3-658-43821-0_6

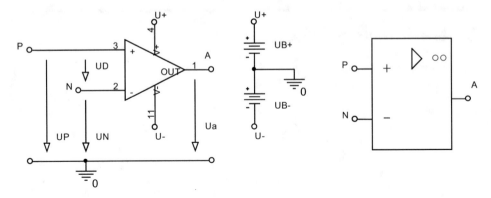

Abb. 6.1 Schaltsymbole des Operationsverstärkers

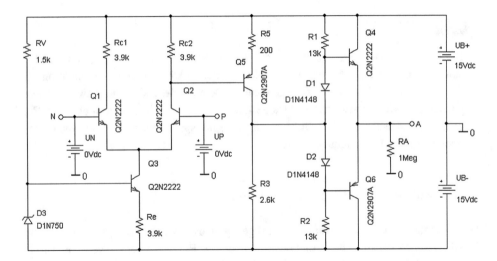

Abb. 6.2 Prinzipielle Darstellung der Innenschaltung eines bipolaren Operationsverstärkers

Eine prinzipielle Ausführung der Innenschaltung mit diesen Baugruppen in bipolarer Technik zeigt das Abb. 6.2. Die Transistoren Q_1 und Q_2 sind Bestandteile des Differenzverstärkers. Der Konstantstrom wird dabei vom Transistor Q_3 in Verbindung mit der Z-Diode D_3 aufgebracht. Der Transistor Q_5 realisiert eine Zwischenverstärkung und die komplementären Transistoren Q_4 und Q_6 bilden in Verbindung mit den Dioden D_1 und D_2 die AB-Endstufe. Diese Schaltung liefert:

- die Leerlaufverstärkung $v_0 = 358$
- den Differenzeingangswiderstand $r_D = 18{,}15\ \mathrm{k\Omega}$
- den Ausgangswiderstand $r_a = 222\ \Omega$

Tab. 6.1 Hauptkenngrößen von Operationsverstärkern

		idealer OP	BIP-OP	BIFET-OP
			µA 741	LF 411
Betriebsspannung U_B	V	–	±5 … ±15	±3,5 … ±18
NF-Differenzverstärkung v_{DO}	dB	∞	106	112
Offsetspannung U_{OS}	µV	0	−20	3,3
Ruhestrom I_P	A	0	$7,97 \cdot 10^{-8}$	$4 \cdot 10^{-11}$
Ruhestrom I_N	A	0	$7,97 \cdot 10^{-8}$	$4 \cdot 10^{-11}$
Eingangswiderstand r_d	Ω	∞	$2 \cdot 10^6$	$4 \cdot 10^{11}$
Ausgangswiderstand r_a	Ω	0	152	76
Transitfrequenz f_T	MHz	∞	1	8
Grenzfrequenz f_{g1}	Hz	∞	5	20
Grenzfrequenz f_{g2}	MHz	∞	1,73	4,77
Gleichtaktverstärkung v_{Gl}		0	−6,31	−2
Gleichtaktunterdrückung G	dB	∞	90	106
Gleichtaktwiderstand r_{Gl}	Ω	∞	$1,25 \cdot 10^9$	$5 \cdot 10^{11}$
Slew Rate SR	V/µs	∞	0,5	1,75

Bis auf den Wert des Ausgangswiderstandes werden die Eigenschaften realer Operations-verstärker bei weitem nicht erreicht.

In der Tab. 6.1 werden die Werte ausgewählter Kenngrößen von Operationsverstärkern aus der DEMO-Version von OrCAD & PSPICE mit denen des idealen Operationsver-stärkers verglichen [1–3].

6.2   Gleichstrom-Modelle

6.2.1   Analysen zu den Makromodellen

Die statischen und dynamischen Eigenschaften der Operationsverstärker µA 741 und LF 411 wurden von Seiten des Herstellers mit Makromodellen beschrieben, die über „Edit, PSpice Model" aufgerufen werden können. Diese Modelle enthalten Transistoren des Differenzverstärkers, nicht lineare Quellen und RC-Glieder, die das Verstärkungsver-halten, die Begrenzungseigenschaften sowie auch die Frequenzabhängigkeit und die Temperaturabhängigkeit des Operationsverstärkers nachbilden. Am Beispiel des bipolaren Operationsverstärkers µA 741 werden nachfolgend zunächst Simulationen zur Ermittlung statischer Kenngrößen ausgeführt.

6.2.1.1 Übertragungskennlinie

Die Übertragungskennlinie nach Abb. 6.3 kann $U_A = f(U_E)$ wie folgt aufgenommen werden:

Analyse DC Sweep, Voltage Source, Name: UE, linear, Start Value: −200uV, End Value: 200uV, Increment: 0,01uV, o. k.

Das Diagramm von Abb. 6.4 zeigt eine Offset-Spannung $U_{OS} = -20\,\mu V$. Die Sättigungsspannungen betragen $U_S = \pm 14{,}5$ V und aus der positiven Steigung der Kennlinie geht die Leerlaufverstärkung $v_{D0} = \Delta U_A / \Delta U_E \approx 2 \cdot 10^5$ hervor.

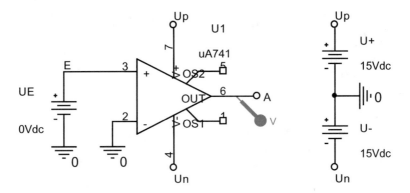

Abb. 6.3 Schaltung zur Simulation der Übertragungskennlinie des Operationsverstärkers μA 741

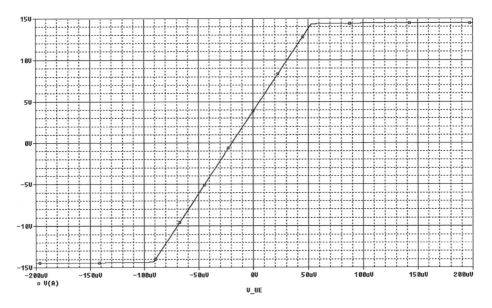

Abb. 6.4 Simulierte Übertragungskennlinie des OP μA 741 für den Differenzbetrieb

6.2.1.2 Eingangs- und Betriebsruheströme

Die Eingangsruheströme I_P und I_N und der Kurzschluss-Ruhestrom I_0 folgen bei $U_N = U_P = 0$ und $U_A = 0$ aus der Arbeitspunktanalyse.

Analyse Bias Point, Include detailed bias point information for semiconductors.

ERGEBNISSE

$I_P = I_N = 79,7$ nA, $I_0 = 25,28$ mA (bei $U_B = 15$ V, µA 741)

Der mittlere Eingangsruhestrom (input bias current) des Operationsverstärkers beträgt somit $I_b = (I_P + I_N)/2 = 79,7$ nA.

6.2.1.3 Übertragungsfunktion

Mit der Transfer-Function-Analyse (.TF) für die Schaltung nach Abb. 6.3 können die Leerlaufspannungsverstärkung sowie der Eingangs- und der Ausgangswiderstand des Operationsverstärkers µA741 bestimmt werden.

Analyse Bias Point, Calculate small signal DC gain (.TF), From input source name: UE, To output variable: V(A).

ERGEBNIS

*   V(A)/V_UE = 1,992E+05
*   INPUT RESISTANCE AT V_UE = 9,963E+05
*   OUTPUT RESISTANCE AT V(A) = 1,517E+02

6.2.1.4 Gleichtaktkenngrößen

Verbindet man gemäß Abb. 6.5 beide Eingänge des Operationsverstärkers und legt an diese die Gleichtaktspannung $U_{Gl} = U_P = U_N$ an, dann wird die Differenzspannung $U_D = 0$. Im Idealfall nehmen die Ausgangsspannung U_A und die Gleichtaktverstärkung $v_{Gl} = v_{cm}$ (common mode) nach Gl. (6.2) somit den Wert Null an.

$$v_{Gl} = \frac{U_A}{U_{Gl}} \qquad\qquad (6.2)$$

Abb. 6.5 Gleichtaktbetrieb des Operationsverstärkers µA 741

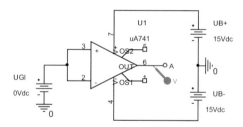

Die Gleichtaktunterdrückung G geht für diesen Fall gegen unendlich, siehe Tab. 6.1.

$$G = \left| \frac{v_{D0}}{v_{Gl}} \right| \tag{6.3}$$

Reale Operationsverstärker weisen jedoch trotz weitgehender Schaltungssymmetrie und hoher differenzieller Widerstände der Konstantstromquelle des Eingangs-Differenzverstärkers Werte von $v_{Gl} \neq 0$ auf.

Die Übertragungskennlinie $U_A = f(U_{Gl})$ nach Abb. 6.6 ergibt sich mit den Schritten:

Analyse
DC Sweep, Voltage Source, Name: UGl. Linear, Start Value: −5V, End Value: 5V, Increment: 1mV.

Die Gleichtaktverstärkung geht aus der Neigung der Übertragungskennlinie mit $v_{Gl} = \Delta U_A / \Delta U_E \approx -6{,}3$ hervor. Genauere Werte liefert die TF-Analyse.

TF-Analyse Bias Point, Calculate small signal DC Gain (.TF), From input source name: UGl, To output variable: V(A). Man erhält:

- V(A)/V_UGl = −6,311E+0
- INPUT RESISTANCE AT V_UGl = 1,247E+09
- OUTPUT RESISTANCE AT V(A) = 1,517E+02

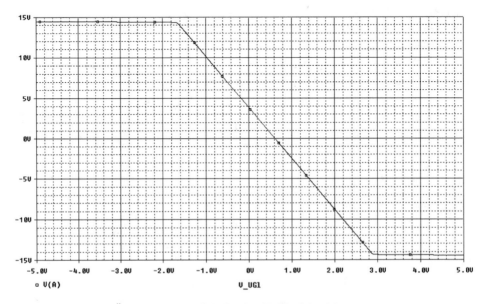

Abb. 6.6 Simulierte Übertragungskennlinie für den Gleichtaktbetrieb

Mit der Gl. (6.3) berechnet man $G = 1{,}9953 \cdot 105/(-6{,}311) = 31616 = 90$ dB.

Dieser Wert entspricht für den Operationsverstärker µA 741 der Angabe in der Tab. 6.1. Der aus der TF-Analyse folgende Gleichtakt-Eingangswiderstand r_{Gl} fällt mit 1,25 GΩ sehr hoch aus.

Mit Abb. 6.7 wird die Auswirkung eines Gleichtaktsignals demonstriert. In Annäherung an den OP µA 741 erhält die spannungsgesteuerte Spannungsquelle E den Wert $GAIN = 200\text{k} = v_{D0}$. Die Gleichtaktunterdrückung wird mit $G = 31616$ übernommen. Für diese Schaltung beträgt die Differenzspannung nach Gl. (6.1) $U_D = U_P - U_N = 1{,}01$ mV $= 0{,}99$ mV $= 20$ µA. Die Gleichtaktspannung nach

$$U_{Gl} = \frac{U_P + U_N}{2} \tag{6.4}$$

ist $U_{Gl} = 1$ mV.

Die Ausgangsspannung erhält man über

$$U_A = v_{D0} \cdot U_D + v_{Gl} \cdot U_{Gl} \tag{6.5}$$

mit $U_A = 2 \cdot 10^5 \cdot 20$ µV $- 6{,}31 \cdot 1$ mV $= 4$ V $- 6{,}31$ mV $= 3{,}99369$ V. Dieser Wert folgt auch aus der Arbeitspunktanalyse. Das Gleichtaktsignal wirkt sich also kaum aus.

Bei unendlich großer Gleichtaktunterdrückung ist $U_A = 4$ V.

Mit der Schaltung nach Abb. 6.8 wird der Einfluss der Gleichtaktunterdrückung auf die Ausbildung der Übertragungskennlinie analysiert. Für $U_N = 0$ wird $U_D = U_P$ und $U_{Gl1} = U_{Gl2} = U_P/2$. nach Gl. (6.4). Der Einfluss des Gleichtaktsignals wird mit $\{U_{Gl}/G\}$ erfasst.

Die Gleichtaktverstärkung $G_1 = 31616$ entspricht derjenigen des OP µA 741. Mit der gleich großen Leerlauf-Spannungsverstärkung $v_{Do} = GAIN = 2 \cdot 10^5$ wird die Gleichtaktunterdrückung G_1 mit den Werten 3,1616, 31,616 und 31616 variiert. Die Z-Dioden D_1 bis D_4 dienen zur Begrenzung der Ausgangsspannungen U_{A1} und U_{A2} auf die Höhe der positiven und negativen Sättigungsspannungen U_{S+} und U_{S-} bei Betriebsspannungen von $U_B = \pm 15$ V.

Modellanweisung zur Umwandlung der Diode *Dbreakz* auf die Dioden vom Typ *Dz*:

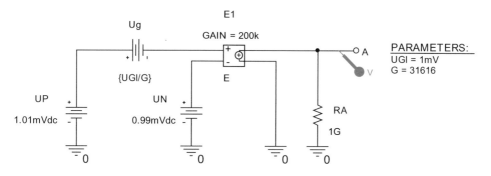

Abb. 6.7 Einbezug der Gleichtaktunterdrückung

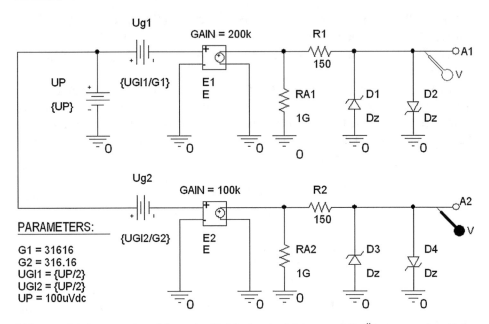

Abb. 6.8 Schaltung zur Auswirkung der Gleichtaktunterdrückung auf die Übertragungskennlinie

.model Dz D IS=1E-19, N=16, BV=14

Analyse DC Sweep, Voltage Source, Name: UP, Linear, Start Value: −200u, End Value: 200u, Increment: 0,1u, Parametric Sweep, Global Parameter: G1, Value List: 3,1616, 31,616, 31616.

Das Analyseergebnis nach Abb. 6.9 zeigt für den betrachteten Operationsverstärker μA 741 bei prinzipiell geringer werdenden Gleichtaktunterdrückungen G_1 eine Verschiebung der Übertragungskennlinie $U_A = f(U_P)$ nach rechts. Diese Verschiebung wird bei der hohen Gleichtaktunterdrückung G_1 = 31616 nicht sichtbar und damit weicht die betreffende Übertragungskennlinie des oberen idealisierten Operationsverstärkers mit der Quelle E_1 kaum von der derjenigen nach Abb. 6.4 ab, (sofern außerdem für den Operationsverstärker aus Abb. 6.3 eine Kompensation der Eingangs-Offset-Spannung vorgenommen wird). Mit der kleineren Verstärkung $GAIN = 1 \cdot 10^5$ der Quelle E_2 bei G = 31616 verringert sich der Anstieg der Übertragungskennlinie.

6.2.2 Erzeugung der linearen Gleichstrom-Modelle

6.2.2.1 Einfache Gleichstrom-Modelle

Im Gleichstrom-SPICE-Modell des Operationsverstärkers nach Abb. 6.10 wird die Differenz-Leerlauf-Spannungsverstärkung v_{D0} gemäß der Gl. (6.1) mit der spannungsgesteuerten Spannungsquelle E nachgebildet. Der Differenzeingangswiderstand r_d und der

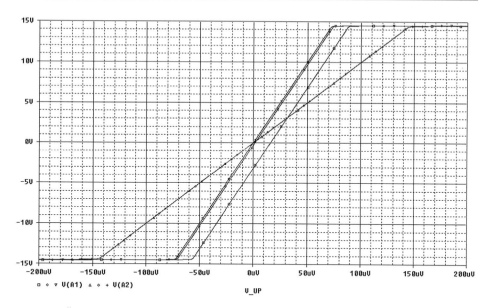

Abb. 6.9 Übertragungskennlinie mit der Gleichtaktunterdrückung G_1 bzw. *GAIN* als Parameter

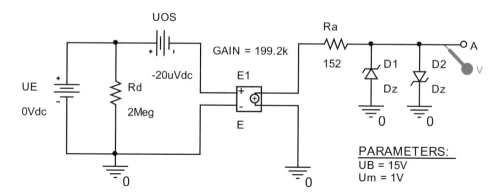

Abb. 6.10 Gleichstrom-Modell des Operationsverstärker µA 741

Ausgangswiderstand r_a ergänzen das Modell. Die vom Makromodell vorgesehene Offset-spannung wird mit U_{OS} berücksichtigt. Schließlich sorgen die Z-Dioden bei angelegten Betriebsspannungen U_B dafür, dass die typischen Werte für die positive bzw. negative Sättigungsspannung U_S erreicht werden. Im Rahmen der Grenzwerte können beliebige Werte für U_B angelegt werden.

Das Simulationsergebnis zeigt das Abb. 6.11. Die Kennlinie von Abb. 6.4 wird erfüllt.

Analyse DC Sweep, Voltage Source, Name: UE, Linear, Start Value: 200u, End Value: 200u, Increment: 0,1u. Die Z-Dioden sind ausgehend von der Diode *Dbreakz* wie folgt neu zu modellieren:

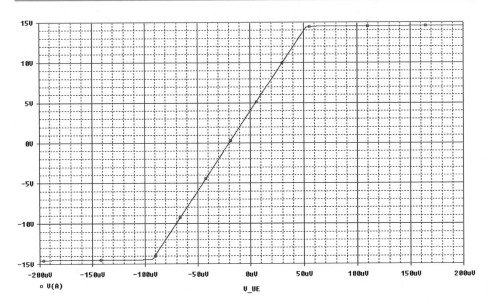

Abb. 6.11 Simulierte Übertragungskennlinie des Operationsverstärkers µA 741

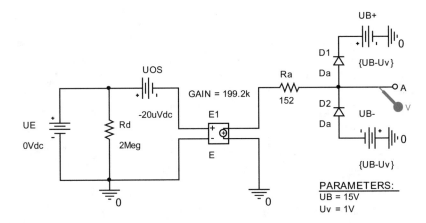

Abb. 6.12 DC-Modell mit der Betriebsspannung als Parameter für den Operationsverstärker µA 741

.model DzD IS=1E-19 N=16 BV={UB-Um}

In der Schaltung nach Abb. 6.12 wird die Spannungsbegrenzung durch zwei Dioden in anderer Weise verwirklicht. Mit einer Parametervariation werden Betriebsspannungen U_B = 5 V, 10 V und 15 V angelegt. Das Analyseergebnis zeigt das Abb. 6.13.

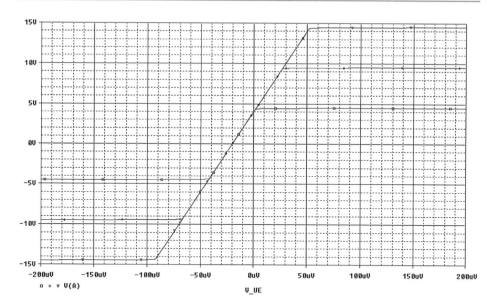

Abb. 6.13 Übertragungskennlinien mit drei Betriebsspannungen für den Operationsverstärker μA 741

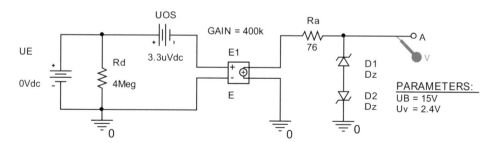

Abb. 6.14 DC-Modell mit der Betriebsspannung als Parameter für den Operationsverstärker LF 411

Analyse DC Sweep, Voltage Source, Name: UE, Linear, Start Value: −200u, End Value: 200u, Parametric Sweep, Global Parameter, Parameter Name: UB, Value List: 5, 10, 15.

Die Modellanweisung für die Dioden vom Typ *Da* ist über eine Diode *Dbreak* zu realisieren.

.model Da D IS = 1n

Eine weitere Variante zur Nachbildung der Sättigungsspannungen am Beispiel des Operationsverstärkers LF 411 wird im Abb. 6.14 angeboten. Die Reihenschaltung von zwei gegenläufig gepolten Z-Dioden sorgt über .model Dz D BV={UB-Uv} für die Einstellung der positiven und negativen Sättigungsspannungen. Die Analyse entspricht derjenigen für Abb. 6.12.

Das Analyseergebnis für $\pm U_B$ = 5 V, 10 V und 15 V wird mit dem Abb. 6.15 wiedergegeben.

6.2.2.2 Erweitertes Gleichstrom-Modell

Mit dem Einbezug der Ruheströme und Gleichtaktwiderstände sowie mit der Berücksichtigung von Gleichtaktspannungen entsteht das erweiterte Gleichstrom-Modell nach Abb. 6.16.

Analyse DC Sweep, Global Parameter, Parameter Name: UP, Linear, Start Value: −200u, End Value: 200u, Increment: 0,1u.

Ausgehend von einer Diode *Dbreakz* sind die beiden Z-Dioden wie folgt zu modellieren:

.model Dz D mBV={UB-Uv}.

In der Schaltung von Abb. 6.16 nimmt die Differenz-Eingangsspannung nach Gl. (6.1) wegen U_N = 0 den Ausdruck $U_D = U_P$ an. Somit ist die Gleichtaktspannung aus Gl. (6.4) mit $U_{Gl} = U_P/2$ anzusetzen. Wird U_P variiert, dann verringert sich der Anstieg von U_{Gl} = f

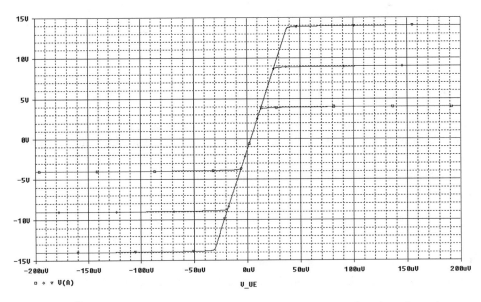

Abb. 6.15 Übertragungskennlinien mit drei Betriebsspannungen für den Operationsverstärker LF 411

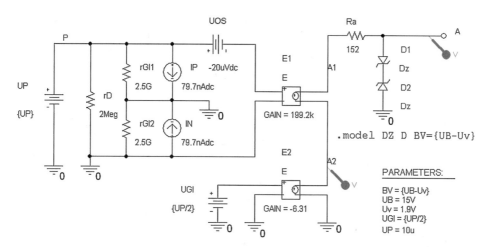

Abb. 6.16 Erweitertes Gleichstrom-Modell des Operationsverstärkers μA 741

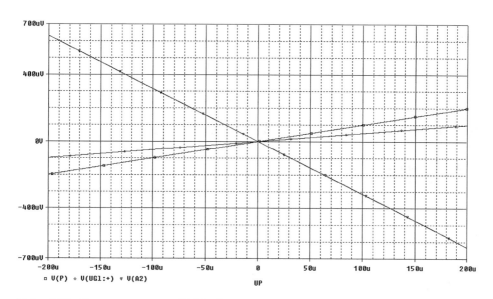

Abb. 6.17 Eingangsspannung, Gleichtaktspannung und verstärkte Gleichtaktspannung für OP μA 741

(U_P) gegenüber $U_P = f(U_P)$, siehe Abb. 6.17. Die Darstellung zeigt ferner den (negativen) Anstieg der verstärkten Gleichtaktspannung bei einer Erhöhung der Eingangsspannung U_P.

Im Abb. 6.18 wird die verstärkte Gleichtaktspannung (im veränderten Maßstab der Ordinate) dem Verlauf der Ausgangsspannung gegenübergestellt.

Für die Bewertung einer Ansteuerung mit Differenzsignalen gilt $U_A = U_{A1} + U_{A2}$.

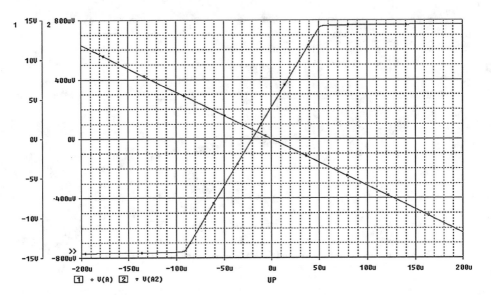

Abb. 6.18 Verstärkte Gleichtaktspannung und Ausgangsspannung als Funktion von U_P

Für die Ausgangsspannung gilt

$$U_A = (U_D - U_{OS}) \cdot v_{D0} + U_{Gl} \cdot v_{Gl} \qquad (6.6)$$

In der Schaltung nach Abb. 6.16 wirken die folgenden Kenngrößen:

- die Offsetspannung $U_{OS} = -20$ µV
- die Spannung am N-Eingang $U_N = 0$
- die Differenz-Eingangsspannung $U_D = U_P - U_N = U_P$, siehe Gl. (6.1)
- die Gleichtaktspannung $U_{Gl} = (U_P + U_N)/2 = U_P/2$, siehe Gl. (6.4)
- die Gleichtaktverstärkung $v_{Gl} = -6{,}31$

AUFGABE

Bei $U_P = 20$ µV sind die Ausgangsspannungen U_{A1}, U_{A2} und U_A zu bestimmen. ◄

ERGEBNIS

Mit der Auswertung von Gl. (6.1) erhält man

- $U_{A1} = U_A = [20$ µV $- (-20$ µV$)] \cdot 1{,}992 \cdot 10^5 - 10$ µV $\cdot 6{,}31 = 7{,}968$ V $- 63{,}1$ µV $= 7{,}9679$ V
- $U_{A2} = U_{Gl} \cdot v_{Gl} = -10$µV $\cdot 6{,}31 = -63{,}1$ µV
- $U_{A1} - U_{A2} = (U_D - U_{OS}) \cdot v_{D0} = 7{,}968$ V

Diese Ausgangsspannungen können bei $U_P = 20\ \mu V$ aus dem simulierten Diagramm nach Abb. 6.18 mit dem Cursor bestätigt werden.

Auf Grund der hohen Gleichtaktunterdrückung G wirken sich die Gleichtaktsignale nur sehr geringfügig aus.

6.3 Kleinsignal-HF-Modelle

6.3.1 Frequenzanalysen am Makromodell

Mit AC-Analysen an den vom Halbleiterhersteller vorgegebenen Makromodellen der Operationsverstärker µA 741 und LF 411 werden nachfolgend diejenigen Elemente ermittelt, aus denen die Kleinsignal-HF-Modelle gebildet werden [4].

6.3.1.1 Frequenzgang der Differenzverstärkung
Die Schaltung nach Abb. 6.19 führt zur Darstellung der Frequenzabhängigkeit der Differenzverstärkung v_D nach Betrag und Phase, siehe Abb. 6.20.

Analyse AC Sweep, Logarithmic, Start Frequency: 10 m, End Frequency: 10Meg, Points/Decade: 100.

Die komplexe Differenzverstärkung v_D kann mit dem NF-Wert v_{D0} und den Grenzfrequenzen f_{g1} und f_{g2} nach der Gl. (6.7) beschrieben werden.

$$v_D = \frac{v_{D0}}{\left(1 + j\dfrac{f}{f_{g1}}\right) \cdot \left(1 + j\dfrac{f}{f_{g2}}\right)} \tag{6.7}$$

Über die Cursor-Auswertung des Bildes 6.20 erhält man für die betrachteten Operationsverstärker die Werte nach Tab. 6.2. Der genauere Wert der Transitfrequenz ergibt sich nicht aus der Frequenz, für welche der Betrag der Differenzverstärkung den Wert 1 = 0 dB erreicht, sondern aus $f_T = f_{g1} \cdot v_{D0} = 5\ \mathrm{Hz} \cdot 199{,}2 \cdot 10^3 = 996\ \mathrm{kHz} \approx 1\ \mathrm{MHz}$.

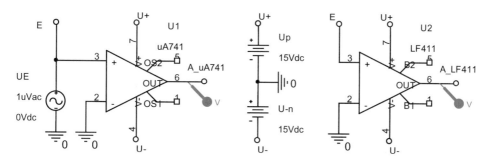

Abb. 6.19 Schaltung zur Simulation des Frequenzganges der Differenzverstärkung

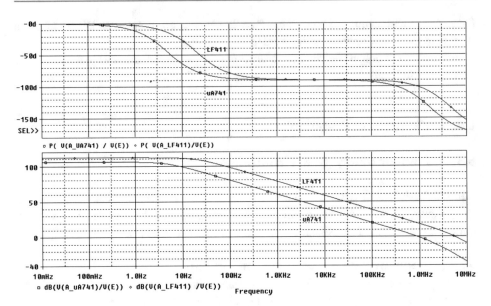

Abb. 6.20 Frequenzabhängigkeit von Betrag und Phase der Differenzverstärkung der Makromodelle

Tab. 6.2 Auswertung der Frequenzabhängigkeit der Differenzverstärkung

	v_{D0}/dB	f_{g1}/Hz (bei $\varphi = -45°$)	f_{g2}/Hz (bei $\varphi = -135°$)	f_T/MHz ($f_T = |v_D| \cdot f$)
μA 741	106	5	1,73	0,998 ≈ 1
LF 411	112	20	4,77	8,01 ≈ 8

6.3.1.2 Frequenzgang der Gleichtaktunterdrückung

Mit der Schaltung nach Abb. 6.21 können die Frequenzabhängigkeiten sowohl der Differenzverstärkung v_D als auch der Gleichtaktverstärkung v_{Gl} simuliert werden. Der Frequenzgang der Gleichtaktunterdrückung G folgt dann aus der Gl. (6.3).

Analyse AC Sweep, Logarithmic, Start Frequency: 10 m, End Frequency: 10Meg, Points/ Decade: 100.

Aus dem Abb. 6.22 geht hervor, dass die Gleichtaktunterdrückung für das vorgegebene Ma-kromodell über einen größeren Bereich hinweg frequenzunabhängig mit einem Phasenwinkel von 180° ist.

Bei diesem Operationsverstärker ist die Grenzfrequenz $f_{g1} = 5$ Hz für v_D bei dem Phasenwinkel $\varphi = -45°$ die gleiche wie für $v_c = v_{Gl}$ bei dem Phasenwinkel $\varphi = 135°$.

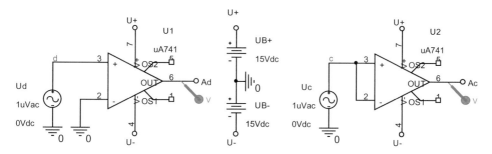

Abb. 6.21 Schaltungen zur Auswertung des Frequenzganges der Gleichtaktunterdrückung

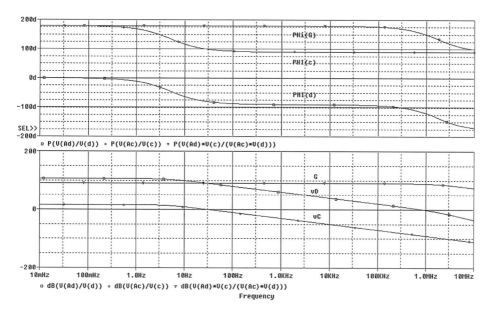

Abb. 6.22 Auswertung zum Frequenzgang der Gleichtaktverstärkung

6.3.2 Erzeugung der HF-Modelle

6.3.2.1 HF-Modell für den Differenzbetrieb

Im Kleinsignal-HF-Modell des Operationsverstärkers μA 741 wird der Differenzeingangswiderstand R_d nachgebildet. Die spannungsgesteuerte Spannungsquelle E_1 realisiert
die hohe Leerlaufverstärkung. Mit dem $R_1\,C_1$-Glied stellt sich die Grenzfrequenz f_{g1} und
mit dem $R_2\,C_2$-Glied die Grenzfrequenz f_{g2} ein. Der Widerstand R_a entspricht der Höhe des
Ausgangswiderstandes. Schließlich können die Betriebsspannungen U_{B+} bzw. U_{B-} mit
einem entsprechenden Eintrag für U_B unter „PARAMETERS" vorgegeben werden [5].

Dieses HF-Modell des Operationsverstärker µA 741 wird im Abb. 6.23 dargestellt.

Bei gleicher Modellstruktur unterscheiden sich die Werte der Modellparameter des Operationsverstärkers LF 411 gegenüber denjenigen des µA 741 bezüglich des Eingangs-widerstandes, der Verstärkung der Grenzfrequenzen und des Ausgangswiderstandes.

Die entsprechende Ausführung des HF-Modells für den Operationsverstärker LF 411 ist im Abb. 6.24 mit der Verbindung zur Quelle U_E aus Abb. 6.23 am Eingang E wiedergegeben.

Der Frequenzgang der Differenzverstärkung ist für beide Operationsverstärker wie folgt zu untersuchen:

Analyse   AC Sweep, Logarithmic, Start Frequency: 10 m, End Frequency: 10Meg, Points/Decade: 100.

Die aufgestellten HF-Modelle ergeben die gleichen Frequenzgänge von Betrag und Phase der Differenzverstärkung wie sie das Makromodell mit Abb. 6.20 lieferte.

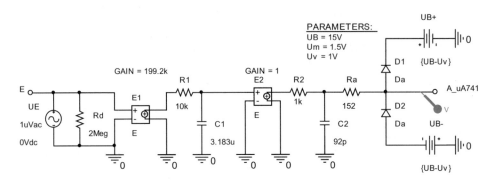

Abb. 6.23   HF-Modell des Operationsverstärkers µA 741

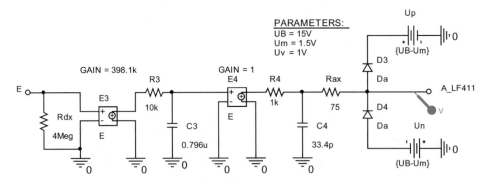

Abb. 6.24   HF-Modell des Operationsverstärkers LF 411

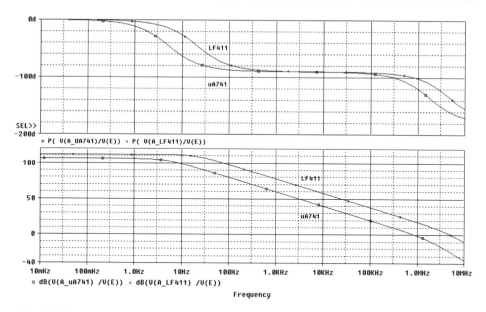

Abb. 6.25 Frequenzabhängigkeit von Betrag und Phase der Differenzverstärkung über HF-Modelle

Die Phasenwinkel der beiden Operationsverstärker liegen im häufig angewendeten Frequenzbereich von 1 kHz bis 100 kHz bei $\varphi = -90°$.

Für Frequenzen $f > 100$ kHz ist eine deutliche Erhöhung der Phasenwinkel festzustellen, siehe auch Tab. 6.2 und Abb. 6.25.

6.3.2.2 HF-Modell für den Gleichtaktbetrieb

Im Abb. 6.26 wird ein HF-Modell zur Nachbildung des Frequenzganges der Gleichtaktverstärkung mit dem Makromodell des µA 741 verglichen.

Analyse AC Sweep, Start Frequency: 10 m, End Frequency: 10Meg, Points/Decade: 100.

Mit dem Analyseergebnis nach Abb. 6.27 wird nachgewiesen, dass das HF-Gleichtaktmodell mit seinen spannungsgesteuerten Spannungsquellen die gleichen Frequenzverläufe für die Gleichtaktverstärkung nach Betrag und Phase erbringt wie das Makromodell des Operationsverstärkers µA 741.

Die Gleichtaktverstärkung ist bei $f = 30{,}9$ Hz auf den Wert von 0 dB abgesunken. Der dazugehörige Phasenwinkel beträgt $\varphi = 99{,}2°$.

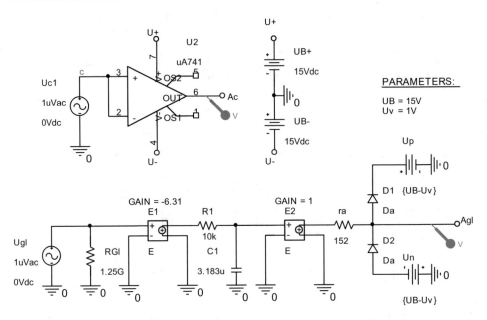

Abb. 6.26 Schaltsymbol mit Makromodell im Vergleich mit dem HF-Modell für Gleichtaktbetrieb

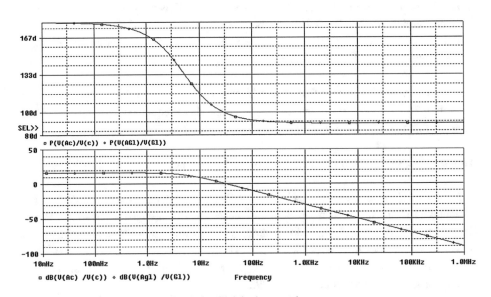

Abb. 6.27 Simulierte Frequenzgänge der Gleichtaktverstärkung

Literatur

1. CADENCE: OrCADPSPICE Demo-Versionen 9.2 bis 16.5
2. Rashid, M. H., Rashid, H., M.: SPICE for Power Electronics and Electric Power, Taylor & Franzis, (2006)
3. Böhmer, E. Ehrhardt, D., Oberschelp, W.: Elemente der angewandten Elektronik, Vieweg+ Teubner (2010)
4. Ose, R.: Elektrotechnik für Ingenieure, Fachbuchverlag Leipzig (2007)
5. Baumann, P.: und Mitautoren: Halbleiter-Praxis, Verlag Technik, Berlin (1976)

Optokoppler

7

Zusammenfassung

Am Beispiel des Optokopplers A4N 25 wird die Parameterextraktion für die Sende-Baugruppe mit der GaAs-IR-Diode und für die Empfänger-Baugruppe mit dem Si-npn-Fototransistor vorgenommen. Statische Modellparameter folgen aus den LED-Durchlass- und -Sperrkennlinien sowie aus dem Ausgangskennlinienfeld des Transistors. Die Sperrschichtkapazitäten werden mit dem Programm MODEL EDITOR und die Transitzeit über die frequenzabhängige Leistungsverstärkung ermittelt.

7.1   Prinzipschaltung und elektrische Kenngrößen

Das Abb. 7.1 zeigt die Prinzipschaltung des zu untersuchenden Optokopplers vom Typ A4N 25 nach [1] mit den Komponenten:

- GaAs-IR-Sendediode als LED
- Si-npn-Fototransistor als Empfänger
- Gemeinsames Gehäuse, galvanische Trennung

In der Tab. 7.1 werden einige Werte der Komponenten des Optokopplers angegeben.

© Springer Fachmedien Wiesbaden GmbH, ein Teil von Springer Nature 2024
P. Baumann, *Parameterextraktion bei Halbleiterbauelementen*,
https://doi.org/10.1007/978-3-658-43821-0_7

Abb. 7.1 Beschaltung des Diode-Transistor-Kopplers

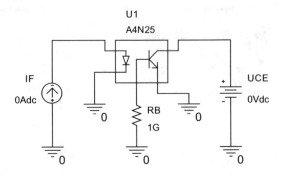

Tab. 7.1 Ausgewählte elektrische Kenngrößen des Optokopplers 4N 25 von Motorola

Symbol	Kenngröße	Wert	Einheit
U_F bei $I_F = 10$ mA; $T_A = 25$ °C	LED-Durchlassspannung	1,15	V
U_F bei $I_F = 10$ mA; $T_A = -55$ °C	LED-Durchlassspannung	1,3	V
U_F bei $I_F = 10$ mA; $T_A = 100$ °C	LED-Durchlassspannung	1,05	V
C_j bei $U_R = 0; f = 1$ MHz	LED-Sperrschichtkapazität	18	pF
I_{CE0} bei 25 °C	C-E-Dunkelstrom	1	nA
B_N bei $I_C = 2$ mA; $U_{CE} = 5$ V	Stromverstärkung	500	–
C_{CE} bei $U_{CE} = 0; f = 1$ MHz	C-E-Kapazität	7	pF
C_{CB} bei $U_{CB} = 0; f = 1$ MHz	C-B-Kapazität	19	pF
C_{EB} bei $U_{EB} = 0; f = 1$ MHz	E-B-Kapazität	9	pF
t_{on} ($I_F = 10$ mA; $U_{CC} = 10$ V; $R_L = 100$)	Einschaltzeit	2,8	µs
t_{off} ($I_F = 10$ mA; $U_{CC} = 10$ V; $R_L = 100$)	Ausschaltzeit	4,5	µs
R_{ISO} ($U = 500$ V)	Isolationswiderstand	10^{11}	Ω
C_{ISO} ($U = 0$ V; $f = 1$ MHz)	Koppelkapazität	0,2	pF

7.2 Parameterextraktion zur LED

7.2.1 Extraktion von Parametern aus Strom-Spannungs-Kennlinien

7.2.1.1 Durchlasskennlinie

Für die Auswertung der Durchlasskennlinie wird das *Datenblatt* des Optokopplers 4N 25 von Motorola herangezogen. Aus der dort bei $T = 25$ °C angegebenen Durchlasskennlinie gehen die Wertepaare nach der Tab. 7.2 hervor.

Die Auswertung dieser Kennlinie mit dem Programm MODEL EDITOR lieferte über „Tools, Extract Parameters" das folgende

Tab. 7.2 Werte der Durchlasskennlinie zur Ermittlung statischer Parameter mit MODEL EDITOR

U_F/V	1,04	1,07	1,10	1,155	1,21	1,26	1,30	1,37
I_F/mA	1	2	4	10	20	30	40	60

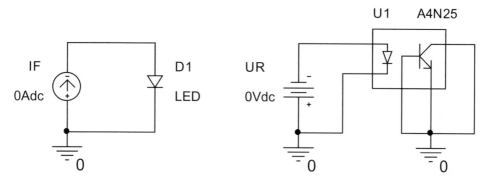

Abb. 7.2 Schaltungen zur Simulation der LED-Durchlass- und Sperrkennlinie

ERGEBNIS

$$I_S = 3,07\text{fA}, N = 1,51, R_S = 2,93\Omega, I_{KF} = 36,97.$$

Die obigen LED-Parameter werden zusammen mit dem nachfolgenden Wert der Energie-bandlücke *EG* über „Edit, PSpice Model" in eine aufzurufende Diode *Dbreak* eingegeben, deren Typenbezeichnung in „LED " umzuschreiben ist:

.model LED D (IS=3,07f, N=1,51, RS=2,93, IKF= 36,97, EG=1,5)

Die Simulationsschaltung zur Darstellung der Durchlasskennlinie ist im Abb. 7.2 enthalten.

AUFGABE

Die Durchlasskennlinie der LED ist mit der links angeordneten Schaltung von Abb. 7.2 für Temperaturen von $T = (-55, 25, 100)$ °C zu untersuchen. ◄

Analyse DC Sweep, Current Source: IF, Linear, Start value; 1m, End value: 100m, Increment: 10u, Temperature Sweep, Repeat the simulation to each of the Temperatures: −55, 25, 100 °C.

Das Analyseergebnis nach Abb. 7.3 stimmt gut mit den betreffenden Kennlinien des Datenblatts überein.

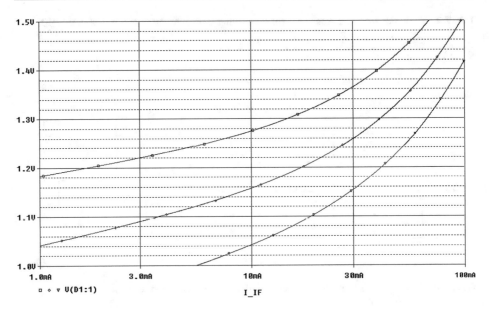

Abb. 7.3 LED-Durchlasskennlinien bei −55, 25 und 100 °C

7.2.1.2 Sperrkennlinie

Die Simulation der Sperrkennlinie wird am Makromodell des Optokopplers A4 N25 vorgenommen, siehe Abb. 7.2.

Analyse DC Sweep, Voltage Source: UR, Linear, Start Value: 0, End value: 3, Increment: 1m.

Das Analyseergebnis zeigt das Abb. 7.4.

Ausgewählte Wertepaare dieser Sperrkennlinie sind in der Tab. 7.3 zusammengestellt. um sie in die .MODEL-EDITOR-Tabelle überführen zu können.

Die Sperrkennlinie $I_{rev} = f(V_{rev})$ des MODEL-EDITOR-Programms wird über „Tools, Extract Parameters" ausgewertet. Daraus gehen die Werte des Rekombinations-Sättigungsstromes I_{SR} und dessen Emissionskoeffizient N_R wie folgt hervor:

ERGEBNIS

$$I_{SR} = 30,27\,\text{nA},\ N_R = 3,867.$$

Im Makromodell enthalten die „MainLED" bzw. die „PhotoLED" im Vergleich dazu die Modellparameter: $I_{SR} = 30$ nA und $N_R = 3,8$.

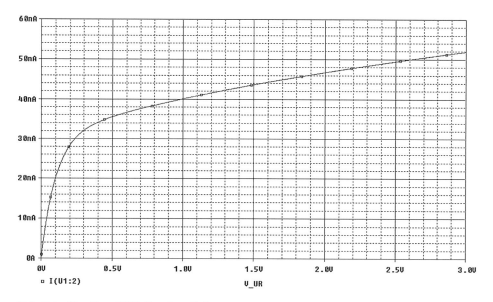

Abb. 7.4 Simulierte LED-Sperrkennlinie

Tab. 7.3 Werte der Sperrkennlinie zur Ermittlung statischer Parameter mit MODEL EDITOR

U_R/V	0,1	0,3	0,5	1	1,5	2	2,5	3
I_R/nA	20.021	32.093	35.517	40.064	43.636	46.705	49.436	51.907

Tab. 7.4 Werte zur Ermittlung der Kapazitäten mit MODEL EDITOR

U_R/V	0,05	0,15	0,3	0,5	1	2	5	10
Cj/pF	18,7	18,0	16,9	5,9	14,3	12,5	10	7,9

7.2.2 Extraktion von Parametern aus der Kapaziätskennlinie

Die Wertepaare der Tab. 7.4 wurden aus der Kapazitätskennlinie des Optokopplers 4N 25 entnommen, siehe Datenblatt.

Über „junction capacity" von MODEL EDITOR folgt über „Tools, Extract Parameters" das

ERGEBNIS

$$C_{JO} = 40,19\text{pF}, M = 0,3358, V_J = 0,71\text{V}$$

Die Ausgangswerte der „MainLED" betragen zum Vergleich: $C_{JO} = 40\text{p}$, $M = 0,34$, $V_J = 0,75$.

7.2.3   Extraktion der Transitzeit aus der Sperrerholungszeit

Die Transitzeit T_T der LED lässt sich mit der Schaltung nach Abb. 7.5 ermitteln.

Mit der Pulsspannungsquelle U wird die LED von der Durchlass- in die Sperrpolung umgeschaltet.

Über Gl. (1.10) des Dioden-Kapitels ist in der Quelle der Wert $V_1 = 2{,}14$ V einzustellen, um in dieser Schaltung den Durchlassstrom $I_F = 10$ mA zu erhalten.

Auf Grund der Speicherwirkung der Minoritäten bleibt die Durchlassspannung beim Umschalten in die Sperrrichtung eine Zeit lang erhalten. Mit $V_2 = 0{,}1$ V stellt sich somit vorerst $I_R = 10$ mA ein.

Analyse Time Domain (Transient), Run to time: 10u, Start: 0, Maximum step size: 10n.

Das Analyse-Ergebnis zeigt das Abb. 7.6. Nach dem Einschwingen erhält man die Sperr-erholungszeit $t_{rr} = 7{,}349$ µs $- 7$ µs $= 0{,}349$ µs für den Zeitraum, in dem I_R von 10 mA auf 10 % dieses Wertes, das heißt auf 1 mA, verringert wird.

Abb. 7.5 Schaltung zur Erfassung der Sperrerholungszeit der LED

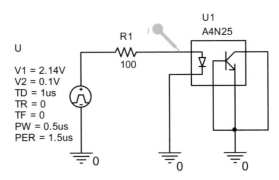

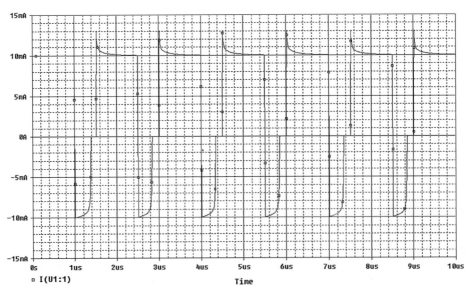

Abb. 7.6 Simuliertes dynamisches Verhalten der Sende-LED des Optokopplers

Die Sperrerholungszeit t_{rr} entspricht der Summe von Speicherzeit t_s und Abfallzeit t_f.

AUSWERTUNG

Mit Gl. (1.7) wird $T_T = t_{rr}/\ln(1 + I_F/I_R) = 0,349$ µs/ln(2). Somit erreicht die Transitzeit den Wert $T_T = 0,5035$ µs.

Bei der „MainLED" des Makromodells ist $T_T = 0,5$ µs.

7.3   Parameterextraktion zum Fototransistor

7.3.1   Extraktion von Parametern aus Strom- Spannungs-Kennlinien

Die Schaltung nach Abb. 7.7 dient zur Kennliniensimulation des Fototransistors bei $U_{CB} = 0$.

Analyse DC Sweep, Voltage Source, Name: UBE, Linear, Start value: 0,4, End value: 0,85, Increment: 1m.

Das Analyseergebnis zeigt das Abb. 7.8.

Mit der Schaltung nach Abb. 7.7 kann auch die Stromabhängigkeit der Stromverstärkung $B_N = f(I_C)$ gemäß Abb. 7.9 dargestellt werden, Dazu ist die Abszisse von V_UBE auf den Kollektorstrom des Transistors „PhotoBJT" wie folgt abzuwandeln: Plot, Axis Settings, Axis Variable: I(U1:5). Die Stromverstärkung I(U1:5)/I(U1:6) ist über „Trace, Add Trace" aufzurufen.

Aus den Diagrammen der Abb. 7.8 und 7.9 sind in der Tab. 7.5 ausgewählte Arbeitspunkte zur Extraktion zusammengestellt. Im Arbeitspunkt AP$_3$ ist $B_N = B_{Nmax} = 372,3$.

Abb. 7.7 Schaltung zur Aufnahme von Strom-Spannungs-Kennlinien des Fototransistors bei $U_{CB} = 0$

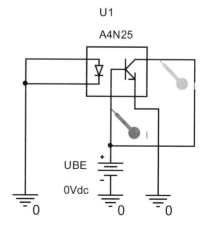

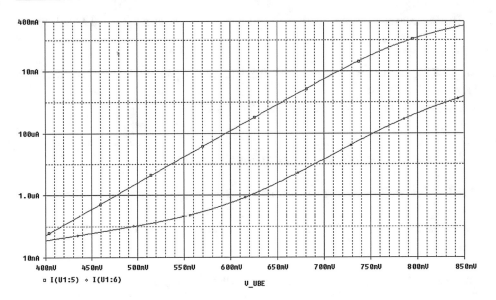

Abb. 7.8 Kollektor- und Basisstrom als Funktion der Basis-Emitter-Spannung

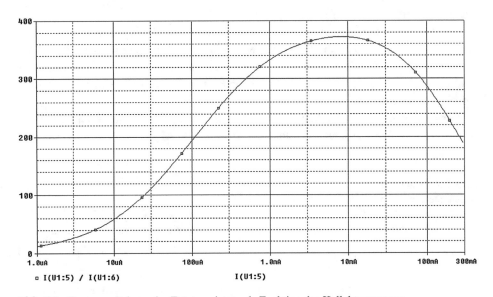

Abb. 7.9 Stromverstärkung des Fototransistors als Funktion des Kollektorstromes

Mit den Werten der Tab. 7.5 werden statische Modellparameter für Tab. 7.6 extrahiert:

- Emissionskoeffizient in der Vorwärtsrichtung N_F
- Transport-Sättigungsstrom I_S
- Emissionskoeffizient der nicht linearen Basis-Emitter-Diode N_E
- Sättigungsstrom der nicht linearen Basis-Emitter-Diode I_{SE}

Tab. 7.5 Arbeitspunkte zur Extraktion statischer Modellparameter des Fototransistors PhotoBJT

Arbeitspunkte	U_{BE}/V	I_C/A	I_B/A	$B_N = I_C/I_B$
AP_1	0,4	$52{,}066 \cdot 10^{-9}$	$35{,}403 \cdot 10^{-9}$	1,4707
AP_2	0,45	$359{,}838 \cdot 10^{-9}$	$60{,}355 \cdot 10^{-9}$	5,962
AP_3	0,711	$8{,}1557 \cdot 10^{-3}$	$21{,}9064 \cdot 10^{-6}$	372,298
AP_4	0,8	$117{,}844 \cdot 10^{-3}$	$430{,}210 \cdot 10^{-6}$	273,922

Tab. 7.6 Extrahierte Modellparameter des Fototransistors

Modellparameter	Arbeitspunkte	Gleichung	Wert	Makromodell
N_F	AP_1; AP_2	(2.12)	1	1
I_S	AP_1	()2.13	10 fA	10 fA
N_E	AP_1; AP_2	(2.14)	3,62	3,75
I_{SE}	AP_1; AP_2	(2.15)	496 pA	580 pA
B_F	AP_3; AP_4	(2.16)	470	400
I_{KF}	AP_4	(2.7)	0,093 A	0,26 A

Abb. 7.10 Schaltung zum Vergleich der Basisströme

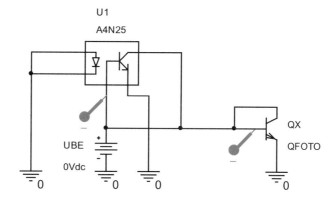

- maximale, ideale Vorwärts-Stromverstärkung B_F
- Knickstrom in der Vorwärtsrichtung I_{KF}

Während die extrahierten Werte für N_F und I_S mit denen des Fototransistors PhotoBJT aus dem Makromodell übereinstimmen, bestehen bei N_E und I_{SE} Abweichungen, welche die Basisstromkennlinie $I_B = f(U_{BE})$ bei kleinen U_{BE}-Werten verfälschen. Mit der Schaltung nach Abb. 7.10 kann diese Abweichung aufgezeigt werden. Dabei wird der Transistor Q_X mit den bisher ermittelten Parametern nach Tab. 7.4 wie folgt modelliert:

.model QFOTO NPN (IS=10f, NF=1, ISE=496p, NE=3,62, BF=470)

Analyse DC Sweep, Voltage source, Name: UBE, Linear, Start value: 0,35, End value: 0,4, Increment: 1u.

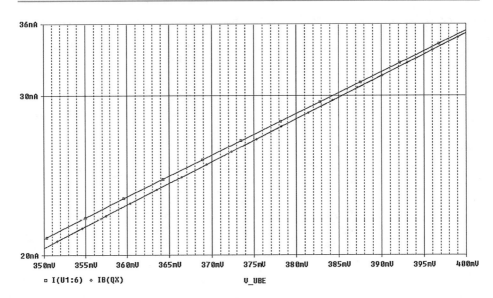

Abb. 7.11 Vergleich der Basisstromkennlinie des Transistors Q_X mit derjenigen von PhotoBJT

Das Analyse-Ergebnis nach Abb. 7.11 weist für die Basisstromkennlinie des Vergleichstransistors Q_X auf Grund seines geringeren N_E-Wertes eine stärkere Neigung als die Kennlinie des Transistors „PhotoBJT" auf.

Mit einer schrittweisen Erhöhung des Emissionskoeffizienten N_E geht über Gl. (2.15) eine Erhöhung des Sättigungsstromes I_{SE} einher. Bei einer Vorgabe von $N_E = 3{,}75$ wird bereits der Wert $I_{SE} = 574$ pA (anstelle von $I_{SE} = 580$ pA) erreicht, so dass beide I_B-Kennlinien nahezu deckungsgleich werden. Der (noch) abweichende B_F-Wert ($B_F = 470$ anstelle von $B_F = 400$) des Transistors Q_X wirkt sich dabei also nur geringfügig aus.

Im Arbeitspunkt AP_3 der Tab. 7.3 wird $B_{Nmax} = 372{,}3$ über Gl. (2.10) mit $I_C = 8{,}1557$ mA, $U_{BE} = 0{,}711$ V, $Ib_{e1} = 8{,}5834$ mA nach Gl. (2.1) und $I_{be2} = 0{,}8825$ µA nach Gl. (2.2) im Iterationsverfahren nur dann erreicht, wenn $B_F = 400$ und $I_{KF} = 0{,}26$ A sind.

7.3.2 Extraktion der Early-Spannung aus dem Ausgangskennlinienfeld

Mit der Schaltung nach Abb. 7.12 kann das Ausgangskennlinienfeld $I_C = f(U_{CE})$ mit I_B als Parameter für den Fototransistor PhotoBJT aus dem Optokoppler U_1 dargestellt werden. Die gerade noch zum aktiv-normalen Betriebsbereich zählende Kennlinie für $U_{CB} = 0$ lässt sich mit dem Fototransistor des Optokopplers U_2 markieren.

Analyse Primary Sweep, DC Sweep, Voltage Source, Name: UCE, Linear, Start value: 0, End value: 12, Increment: 1m, Secondary Sweep, Current Source, Name: IB, Linear, Start value: 2u, End value: 10u, Increment: 2u.

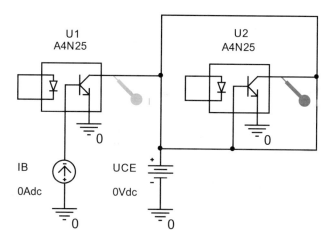

Abb. 7.12 Schaltung zur Ermittlung der Early-Spannung

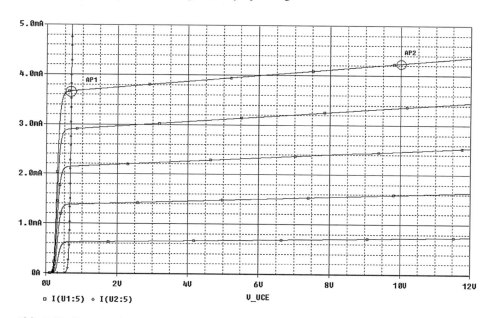

Abb. 7.13 Ausgangskennlinienfeld des Fototransistors

Das Analyse-Ergebnis erscheint in Abb. 7.13.

Der Arbeitspunkt AP_1 liegt im Schnittpunkt der Kennlinie für $I_B = 10$ μA und derjenigen Kennlinie, für welche $U_{CB} = 0$ ist.

Aus den Arbeitspunkten des Ausgangskennlinienfeldes:

- AP_1: $U_{CE1} = 0{,}685$ V; $I_{C1} = 3{,}666$ mA bei $I_{B1} = 10$ μA und $U_{CB} = 0$
- AP_2: $U_{CE2} = 10$ V; $I_{C2} = 4{,}236$ mA bei $I_{B2} = 10$ μA

folgt mit Gl. (2.17) die Early-Spannung zu $V_{AF} = \mathbf{59{,}2\ V}$.
  Zum Vergleich: im Makromodell beträgt $V_{AF} = 60\ V$.

7.3.3 Extraktion von Parametern aus Kennlinien für den Inversbetrieb

Die Schaltung nach Abb. 7.14 dient zur Kennlinienaufnahme im Inversbetrieb, bei dem Emitter und Kollektor ihre Rollen tauschen.

Analyse DC Sweep, Voltage Source, Name: UBC, Linear, Start value: 0, End value: 0,7, Increment: 1m.

Das Analyseergebnis nach Abb. 7.15 weist für den Fototransistor des Optokopplers 4N25 in der inversen Betriebsweise höhere Basis- als Emitterströme auf. Somit ist die inverse Stromverstärkung $B_I = I_E/I_C < 1$.
  Die Kennlinie für den Basisstrom aus Abb. 7.15 ermöglicht im Bereich $U_{BE} = 0{,}2$ bis 0,35 V eine Abschätzung des Emissionskoeffizienten N_C und des Sättigungsstrom I_{SC}.
  Hierfür gelten die Beziehungen:

$$N_C = \frac{U_{BC2} - U_{BC1}}{U_T \cdot \ln\left(\dfrac{I_{bc1}}{I_{bc2}}\right)} \tag{7.1}$$

und

$$I_{SC} = \frac{I_B}{\exp\left(\dfrac{U_{BE}}{N_C \cdot U_T}\right)} \tag{7.2}$$

Abb. 7.14 Schaltung zur inversen Betriebsweise des Fototransistors bei $U_{BE} = 0$

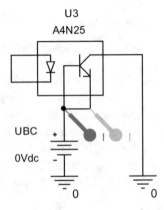

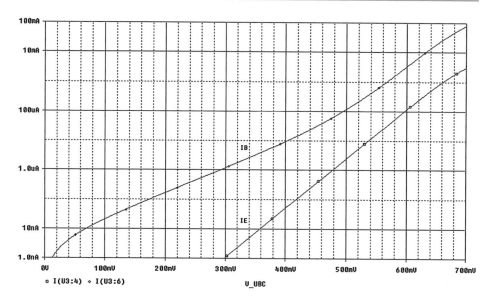

Abb. 7.15 Simulierte Spannungsabhängigkeit des Basis- und Emitterstromes im Inversbetrieb

Tab. 7.7 Arbeitspunkte zur Abschätzung von N_C und I_{SC}

Arbeitspunkt AP$_1$	Arbeitspunkt AP$_2$	N_C	I_{SC}
$U_{BC1} = 0{,}25$ V; $I_{bc1} = 439{,}976$ nA	$U_{BC2} = 0{,}3$ V; $I_{BC2} = 1{,}1793$ µA	1,96	3,18
$U_{BC1} = 0{,}2$ V; $I_{bc1} = 164{,}263$ nA	$U_{BC2} = 0{,}3$ V; $I_{BC2} = 1{,}1793$ µA	2,05	3,80

In der Tab. 7.7 sind Kombinationen zur Ermittlung von N_C und I_{SC} angegeben. Wählt man $N_C = 2$, dann folgt mit $U_{BC} = 0{,}3$ V und $I_{bc} = 1{,}1793$ µA der Wert des Sättigungsstromes mit $I_{SC} = 3{,}58$nA.

Das Makromodell des Bauelemente-Herstellers weist für den Fototransistor den Modellparameter $I_{SC} = 3{,}5$ nA auf.

Ein Wert für N_C des Fototransistors PhotoBJT ist im Makromodell nicht angegeben.

Mit der Schaltung von Abb. 7.14 lassen sich auch Aussagen zur Stromabhängigkeit der inversen Stromverstärkung $B_I = I_E/I_B$ gewinnen.

Analyse DC Sweep, Voltage Source, Name: UBC, Linear, Start value: 0, End value: 0,7, Increment: 1m.

Die Abszisse ist anschließend über „Axis Settings, Axis variable" von V_UBC auf I(U3:4) umzuwandeln und mit „User defined" von 1 µA bis zu 10 mA logarithmisch zu teilen.

Die Stromverstärkung I(U3:4)/I(U3:6) ist über Trace, Add Trace aufzurufen.

Das Analyseergebnis nach Abb. 7.16 zeigt, dass die inverse Stromverstärkung bei höheren Emitterströmen den Wert $B_I = 0{,}0392$ erreicht. Dieses Resultat entspricht etwa der

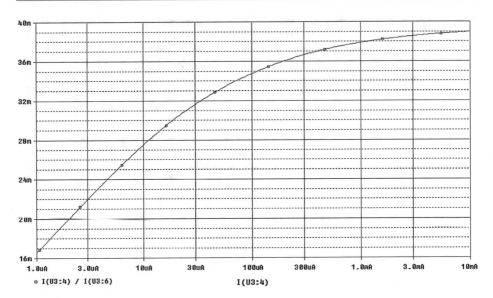

Abb. 7.16 Stromabhängigkeit der inversen Stromverstärkung des Fototransistors bei $U_{\text{BE}} = 0$

Höhe der maximalen, idealen Stromverstärkung in der Rückwärtsrichtung $B_{\text{R}} = \mathbf{40m}$, die im Makromodell angegeben wird.

7.3.4   Extraktion von Modellparameter aus den Kapazitätskennlinien

Die Modellparameter zu den Sperrschichtkapazitäten der Kollektor-Basis- und der Emitter-Basis-Diode des Fototransistors lassen sich mit den Schaltungen von Abb. 7.17 über die Arbeitspunktanalyse erfassen.

Die erforderliche Leerlaufbedingung wird dabei über die hochohmigen Widerstände R_1 und R_2 realisiert.

Analyse Bias Point, include detailed information for semiconductors.

Aus der Analyse gehen die Daten der Tab. 7.8 hervor.

Die obigen Wertepaare werden in die Tabellen von MODEL EDITOR bei „junction capacity" übernommen. Über „Tools Extract Parameters" erscheinen die Ergebnisse, die in der Tab. 7.9 aufgeführt sind.

Die Ausgangsparameter des Makromodells werden näherungsweise erreicht.

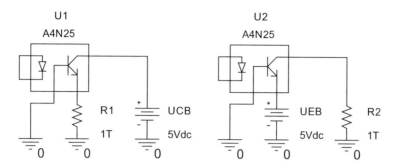

Abb. 7.17 Schaltungen zur Simulation von Sperrschichtkapazitäten des Fototransistors

Tab. 7.8 Sperrspannungsabhängigkeit von Kapazitäten des Fototransistors PhotoBJT

U_{CB}/V	0,1	0,3	1	2	5
C_{jcb}/pF	9,59	8,94	7,54	6,49	5,07

U_{EB}/V	0,1	0,3	1	2	5
C_{jeb}/pF	2,40	2,23	1,88 .	1,62	1,27

Tab. 7.9 Extrahierte Kapazitäts-Modellparameter des Fototransistors PhotoBJT

SPICE-	Kollektor-Basis-Diode		Parameter	Emitter-Basis-Diode	
Symbol	Extraktion	Makromodell	Symbol	Extraktion	Makromodell
C_{JC}/pF	9,996	10	C_{JE}/pF	2505	2,5
M_{JC}	0,3344	0,3333	M_{JE}	0,324	0,3333
V_{JC}/V	0,7567	0,75	V_{JE}/V	0,702	0,75

7.3.5 Extraktion von Modellparametern aus der Leistungsverstärkung v_{ps}

7.3.5.1 Transitzeit in der Vorwärtsrichtung

Mit den Schaltungen nach Abb. 7.18 kann der Frequenzgang der maximalen Leistungsverstärkung in der Kollektorschaltung v_{psc} des Fototransistors analysiert werden.

Ausgewertet wird damit der Quotient aus dem Emitter-Wechselstrom des Fototransistors vom Optokoppler U_1 zum Basis-Wechselstrom des Fototransistors vom Optokoppler U_2, siehe Gl. (7.3).

$$v_{psc} = \frac{I(U1:4)}{I(U2:6)} ; T_F = \frac{1}{2 \cdot \pi \cdot f_{sc}} \qquad (7.3)$$

Aus dem Maximalwert der Grenzfrequenz f_c, für die der Betrag von v_{psc} auf den Wert 1 abgefallen ist, lässt) sich die Transitzeit T_F (für genügend hohe v_{psc}-Werte) extrahieren.

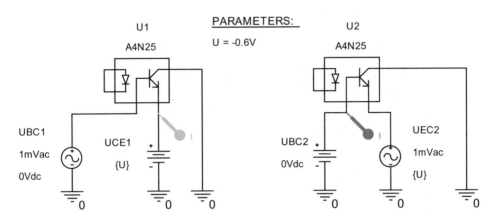

Abb. 7.18 Schaltungen zur maximalen stabilen Leistungsverstärkung in der Kollektorschaltung

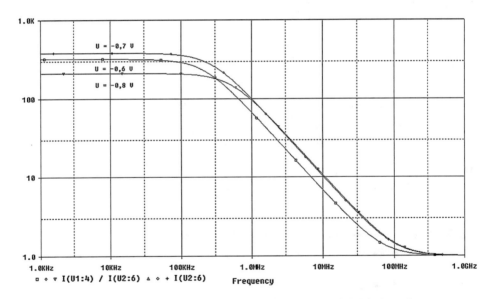

Abb. 7.19 Frequenzabhängigkeit der Leistungsverstärkung v_{psc} bei drei Arbeitspunkten

Analyse AC Sweep, Logarithmic, Start Frequency: 1k, End Frequency: 1G, Points/Decade: 100, Parametric Sweep, Global Parameter, Parameter Name: U, Value List: −0,6, −0,7, −0.8.

Das Analyseergebnis nach Abb. 7.19 zeigt die NF-Werte $v_{psc0} = h_{21e0} - 1 = BETAAC - 1$ sowie die $1/f$-Abhängigkeit von v_{psc} mit den f_{sc}-Grenzfrequenz-Werten.

In der Tab. 7.10 werden die simulierten Daten zusammengestellt.

Tab. 7.10 NF-Werte und Grenzfrequenzen der Leistungsverstärkung v_{psc} bei $U_{CB} = 0$

U/V	I_C/mA	v_{psc0}	f_{sc}/MHz	$1/(2 \cdot \pi \cdot f_{sc})$/ns
−0,6	0,119	320	67,8	2,347
−0,7	5,44	382	102	1,56
−0,8	118	210	105	1,51

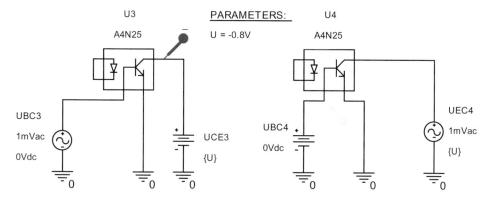

Abb. 7.20 Schaltungen zur Leistungsverstärkung v_{psc} im Inversbetrieb

Bei $U = -U_{EB} = U_{BE} = 0,7$ V erreicht die Kleinsignal-NF-Stromverstärkung in der Emitterschaltung mit $h_{21e0} = v_{psc0} - 1 = 382$ den höchsten Wert der drei angegebenen Arbeitspunkte.

Die maximale Grenzfrequenz $f_{sc} \approx f_T = 105$ MHz erscheint bei dem vorgegebenen vereinfachten Modell des Fototransistors PhotoBJT bei $U_{BE} = 0,8$ V

Mit Gl. (7.3) wird $T_F = 1/(2 \cdot \pi \cdot 105$ MHz$) = \mathbf{1,51}$ **ns.** Im Makromodell ist $T_F = 1,5$ ns.

7.3.5.2 Transitzeit in der Rückwärtsrichtung

Die Schaltungen nach Abb. 7.20 ermöglichen die Analyse der maximalen stabilen Leistungsverstärkung in „Kollektorschaltung" für den inversen Betrieb. Man erhält

$$v_{psc} = \frac{I(U3:5)}{I(U4:6)} \tag{7.4}$$

Analyse wie für die Schaltung nach Abb. 7.18.

Das Analyseergebnis für $U = 0,8$ V wird im Abb. 7.21 dargestellt.

Bei $f = 1$ kHz erhält man mit Gl. (2.38) für den analysierten Inversbetrieb $h_{21i} = v_{psc} - 1 = 0,0393$. Dieser Wert liegt in der Nähe der inversen Stromverstärkung $B_R = 0,04$.

Bei $f = 50$ kHz ist $v_{psc} = 1,018$, womit $f_{sc} = 50,9$ kHz ist. Mit Gl. (2.37) entspricht f_{sc} bei diesen kleinen v_{psc}-Werten nicht mehr der Transitfrequenz f_{Ti}.

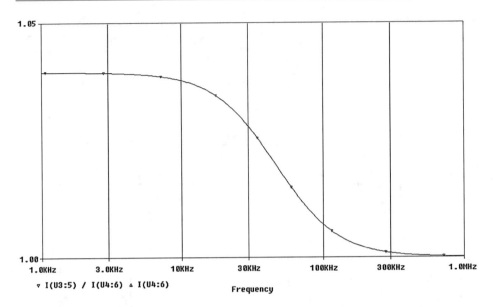

Abb. 7.21 Frequenzgang der Leistungsverstärkung v_{psc} im Inversbetrieb für $U = 0,8$ V

Der korrekte Wert von f_{Ti} wird im folgenden Abschnitt aus der inversen Kleinsignal-Stromverstärkung $h_{21\text{i}}$ ermittelt und hieraus geht dann die Transitzeit in der Rückwärts-richtung T_R hervor.

7.3.6   Auswertung der Transitzeiten über die Transitfrequenz

Das Abb. 7.22 enthält die Schaltungen zur Extraktion der Transitzeiten T_F und T_R.
Für die Stromverstärkungen in Normal- und Inversrichtung gelten die Beziehungen:

$$h_{21e} = \frac{I(U5:5)}{I(U5:6)}; h_{21ei} = \frac{I(U6:4)}{I(U6:6)} \tag{7.5}$$

Analyse AC Sweep, Logarthmic, Start Frequency: 1k, End Frequency: 1G, Points/Decade: 100, Parametric Sweep, Global Parameter, Parameter Name: U, Value List: 0,6, 0,7, 0,8.

Das Diagramm nach Abb. 7.23 ähnelt demjenigen von Abb. 7.19. Bei $U = 0,8$ V ist die Transitfrequenz $f_T = 105,748$ MHz. Hieraus folgt der Wert für die Transitzeit vorwärts mit:

$$T_F = 1/(2 \cdot \pi \cdot f_T) = \textbf{1,505 ns} \text{ in Übereinstimmung mit dem Makromodell.}$$

Der Frequenzgang der inversen Kleinsignal-Stromverstärkung nach Abb. 7.24 erbringt bei h_{21ei} erwartungsgemäß weitaus niedrigere Werte als bei der normalen Stromverstärkung h_{21e} Darüber hinaus wirkt sich eine Variation von U nur geringfügig auf h_{21ei} aus.

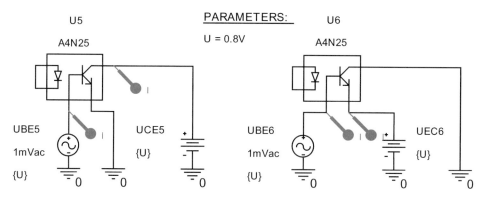

Abb. 7.22 Schaltungen zur Kleinsignal-Stromverstärkung in Normal- und Inversrichtung

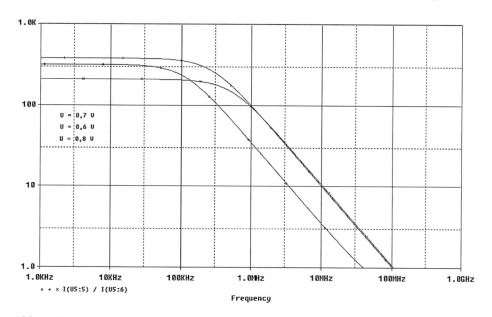

Abb. 7.23 Frequenzgang des Betrages der Kleinsignal-Stromverstärkung des Fototransistors

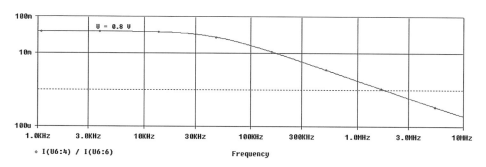

Abb. 7.24 Frequenzgang der inversen Kleinsignal-Stromverstärkung zur Extraktion von T_R

Im Frequenzbereich, in dem der Betrag von h_{21ei} proportional zu 1/f verläuft, wird das Verstärkungs-Bandbreite-Produkt:

$$f_{Ti} = |h_{21ei}| \cdot f \tag{7.6}$$

Bei f = 1 MHz ist $|h_{21ei}|$ = 1,79 · 10^{-3} und somit f_{Ti} = 1,79 kHz.

Die Arbeitspunktanalyse zu der Schaltung mit dem Optokoppler U_6 weist f_T = −1,79 kHz aus.

Die Transitzeit für die Rückwärtsrichtung (das heißt für den Inversbetrieb) erreicht:

T_R = 1/(2 · π · f_{Ti}) = **88,9 μs**. Im Makromodel ist T_R = 88 μs.

Die bis hierher ermittelten Modellparameter des Fototransistor lauten:

.model Qfoto NPN (IS=10f NE=3,75 ISE=580p BF=400 IKF=0,26 VAF=60 NC=2 ISC=3,5n
+ BR=40m CJC=10p MJC=0,333 VJC=0,75 CJE=2.5p MJE=0,333 VJE=0,75 TF=1,5n
+ TR=88u EG=1,11)

7.4   Parameterextraktion zum Optokoppler

7.4.1   Analyse des Stromübertragungsfaktors

Das Stromübertragungsfaktor *CTR* (Current Transfer Ratio) ist als Quotient des Ausgangsstromes zum Eingangsstrom definiert. Im Fall des vorliegenden Diode-Transistor-Kopplers gilt

$$CTR = \frac{I(U1:5)}{I(U1:1)} \tag{7.7}$$

In der Schaltung von Abb. 7.25 entspricht $I(U_1:5)$ dem Kollektorstrom des Fototransistors und $I(U_1:1)$ dem LED-Durchlassstrom I_F.

Analyse DC Sweep, Current Source, Name: IF, Logarithmic, Start value: 300u, End value: 10m, Points/Decade: 100; Temperature Sweep, Temperatures: −55 27 100.

Das Analyseergebnis nach Abb. 7.26 zeigt, dass der Stromübertragungsfaktor mit zunehmender Temperatur abnimmt. Für die Temperatur von 27 °C wird der maximale Wert *CTR* = 1,25 = 125 % bei I_F = 1,19 mA erreicht.

Mit der Schaltung nach Abb. 7.27 wird die Abhängigkeit des LED-Stromes sowie des Kollektorstromes von der Eingangsspannung U_F analysiert.

Abb. 7.25 Beschaltung des
Optokopplers mit einer
Eingangsstromquelle

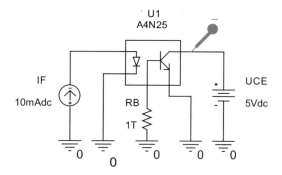

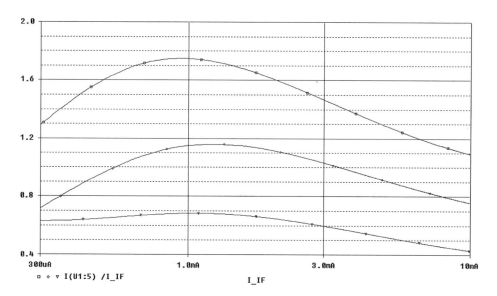

Abb. 7.26 Stromübertragungsfaktor bei −55, 27 und 100 °C für das Makromodell

Abb. 7.27 Beschaltung des
Optokopplers mit einer
Eingangsspannungsquelle

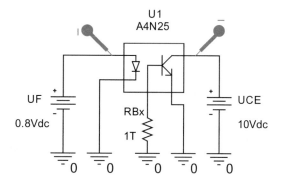

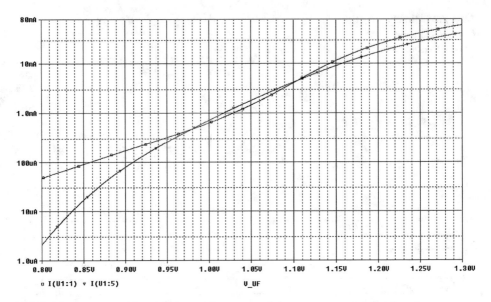

Abb. 7.28 Spannungsabhängigkeit von Eingangs- und Ausgangsstrom des Optokopplers

Analyse DC Sweep, Voltage Source, Name: UF, Linear, Start Value: 0,8, End Value: 1,3, Increment: 10u.

Das Analyseergebnis nach Abb. 7.28 zeigt, dass das Stromübertragungsfaktor für den Bereich $U_F = 0{,}98$ V bis 1,11 V bei $CTR > 100$ % liegt.

7.4.2 Gleichstrom-Modell des Optokopplers

Die analysierte Durchlasskennlinie I(U1:1) = f(U_UF) von Abb. 7.28 weist zwei Kennlinienabschnitte mit unterschiedlichen Steigungen auf, welche gemäß Gl. (7.8) mit Exponentialfunktionen beschrieben werden können.

$$I = I_S \left[\exp\left(\frac{U}{N \cdot U_T} \right) - 1 \right] + I_{SR} \left[\exp\left(\frac{U}{N_R \cdot U_T} \right) - 1 \right] \cdot \left(1 - \frac{U}{V_J} \right)^M \tag{7.8}$$

Der Summand zur Sperrschichtrekombination kann mit den zuvor aus der Sperrkennlinie extrahierten Modellparametern mit einer Diode D_1 wie folgt erfasst werden:
    .model Dsr D (ISR=30n NR=3,8 VJ=0,75 M=0,34 IS=1E-30).
    Der Abschnitt 1 für die *kleineren* Ströme wird mit den Cursor-Werten aus der LED-Durchlasskennlinie des Makromodells ausgewertet.

Aus der Parameterextraktion der Tab. 7.11 mittels MODEL EDITOR ergeben sich für diesen Abschnitt die Modellparameter der Diode D_2 mit ihrer Typenbezeichnung D_k zu:

.model Dk D (IS=1,4922n N= 2,9796 RS=16,5711).

Der Abschnitt für die *größeren* Ströme wird mit der Diode D_3 erfasst. Vom Strom $I(U_1\!:\!1)$ des Makromodells wird der Strom $I(D_2)$ subtrahiert, siehe Tab. 7.12. Aus der Stromdifferenz gehen die Modellparameter der Diode D_3 mit dem Programm MODEL EDITOR hervor.
Die Parameterextraktion für die Diode D_3 mit der Typenbezeichnung D_g ergibt:

.model Dg D (IS=1E-20 N = 1,06 RS = 2,177 IKF = 11).

Mit der Schaltung nach Abb. 7.29 werden die Kennlinien der Dioden D_1 bis D_3 sowie der Diode D_{MainLED} des Optokopplers A4N 25 analysiert.

Tab. 7.11 Werte der Durchlasskennlinie des Makromodells für kleinere Ströme

U_F/V	0,85	0,875	0,9	0,925
$I(U_1\!:\!1)$/µA	90,203	124,117	169,521	231,77

Tab. 7.12 Werte der Durchlasskennlinie für größere Ströme

U_F	0,95 V	1 V	1,05 V	1,1 V
$I(U_1\!:\!1)$	317,357 µA	623,215 µA	1,4329 mA	4,0982 mA
$I(D_2)$	314,839 µA	570,643 nA	0,9955 mA	1,6533mA
$I(U1\!:\!1) - I(D_2)$	2,518 µA	52,578 µA	0,4374 mA	2,4449 mA

U_F/V	1,15 V	1,2 V	1,25 V	1,3 V
$I(U_1\!:\!1)$	11,478 mA	24,546 mA	41,461 mA	60,565 mA
$I(D_2)$	2,5876 mA	3,8080 mA	5,2936 mA	7,007 mA
$I(U1\!:\!1) - I(D_2)$	8,8404 mA	20,738 mA	36,1674 mA	53,558 mA

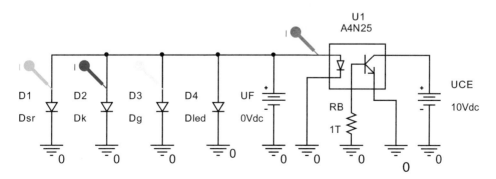

Abb. 7.29 Schaltung zur Auswertung von Durchlasskennlinien

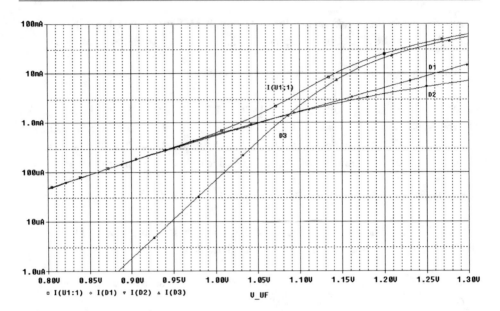

Abb. 7.30 Simulierte Durchlasskennlinien

Analyse DC Sweep, Voltage Source, Name: UF, Linear, Start Value: 0,8, End Value: 1,3, Increment: 1m.

Das Analyseergebnis nach Abb. 7.30 zeigt die simulierten Durchlasskennlinien der einzelnen Dioden. Der Term zur Sperrschichtrekombination wird mit der Diode D_1 erfasst. Die Addition der Diodenströme $I(D_1)$ und $I(D_2)$ ergibt näherungsweise den Strom $I(U_1:1)$ der LED des Optokopplers (mit leichten Abweichungen im mittleren Kennlinienbereich).

Das Hauptziel der Untersuchung ist die Nachbildung der Kennlinie $I(U_1:1) = f(U_F)$. Diese Aufgabe wird mit der Diode D_4 weitgehend erfüllt. Mit einer leichten Änderung der Modellparameter betreffs des Emissionskoeffizienten N und des Serienwiderstandes R_S aus der Diode D_3 und mit der Übernahme der Rekombinationsparameter I_{SR}, und N_R zuzüglich V_J und M wird eine gute Anpassung an die LED des Optokopplers wie folgt erreicht:

.model Dled D (IS=1E-20 N=1,05 RS=2,1 IKF=11 NR=3,8 VJ=0,75 M=0,34)

Mit dem Einbezug der zuvor ermittelten dynamischen Modellparameter C_{JO} und T_T erhält man

.model Dled D (IS=1E-20 N=1,05 RS=2,1 IKF=11 ISR=30n NR=3,8 VJ=0,75 M=0,34 EG=1,5 XTI=3 CJO=40p TT=0,5u).

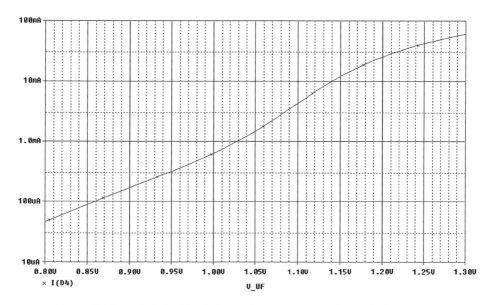

Abb. 7.31 Nachbildung der LED-Kennlinie des Optokopplers mit der Diode D_4

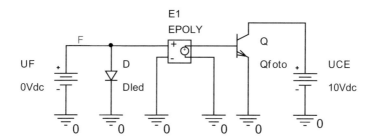

PSpiceTemplate = E^@REFDES %3 %4 VALUE={ -0.476*PWR(V(F),2)+1.472*PWR(V(F),1)-0.353}

Abb. 7.32 Gleichstrom-Modell des Optokopplers mit einer *E-POLY*-Quelle

Die Kennlinie $I(D_4)$ = f(U_F) nach Abb. 7.31 entspricht in guter Näherung der Kennlinie $I(U_1{:}1)$ = f(U_F) des Optokopplers U_1.

Das Abb. 7.32 zeigt ein Modell des Optokopplers, bei dem die optische Übertragungsstrecke mit einer spannungsgesteuerten Spannungsquelle *EPOLY* nachgebildet ist. Mit dieser nicht linearen, idealen Quelle wird die an die LED angelegte Eingangsspannung U_F mit der Basis-Emitter-Spannung U_{BE} des Fototransistors Q_{FOTO} verknüpft. Diese Abhängigkeit wird mit VALUE als Polynom-Funktion in die Quelle E_1 eingegeben.

Dem Makromodell nach Abb. 7.27 werden die Daten nach Tab. 7.13 entnommen.

Aus den Wertepaaren der Tab. 7.13 wird über das Programm EXCEL das im Abb. 7.33 angegebene Polynom erstellt. Die erhaltene Gleichung wird in die Quelle *EPOLY* eingegeben, siehe Abb. 7.32.

Tab. 7.13 Wertepaare zur Abhängigkeit der Basis-Emitter-Spannung von der Eingangsspannung

V(F)/V	0,9	0,91	0,95	1	1,05
V(U1:6)/V	0,5585388	0,542050	0,615991	0,642297	0,666581

V(F)/V	1,1	1,15	1,20	1,25	1,3
V(U1:6)/V	0,689340	0,709986	0,727751	0,742592	0,755101

X	Y
0,9	0,585388
0,91	0,592050
0,95	0,615991
1	0,642297
1,05	0,666581
1,1	0,689340
1,15	0,709986
1,2	0,727751
1,25	0,742592
1,3	0,755101

$y = -0{,}476x^2 + 1{,}472x - 0{,}353$
$R^2 = 1$

— Datenreihen1
— Poly. (Datenreihen1)

Abb. 7.33 Darstellung der Abhängigkeit $U_{BE} = f(U_F)$ mit EXCEL

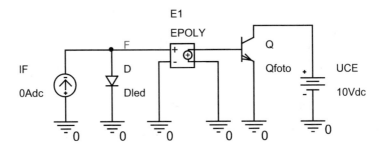

PSpiceTemplate = E^@REFDES %3 %4 VALUE={ -0.476*PWR(V(F),2)+1.472*PWR(V(F),1)-0.353}

Abb. 7.34 Optokoppler mit einer Eingangsstromquelle

7.4.3 Statische Kennlinien

In der Beschaltung des Optokopplers mit einer Eingangsstromquelle nach Abb. 7.34 werden nachfolgend einige Abhängigkeiten statischer Parameter simuliert.

AUFGABE

Zu untersuchen ist die Abhängigkeit des Stromübertragungsfaktors *CTR* vom Eingangsstrom im Bereich $I_F = 0{,}9$ mA bis zu 30 mA. ◄

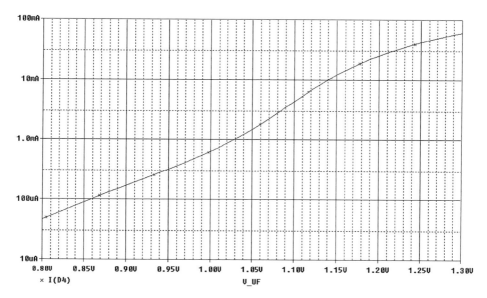

Abb. 7.35 Simulierter Stromübertragungsfaktor

Analyse DC Sweep, Current Source, Name: IF, Logarithmic, Start Value: 0.9m, End Value: 30m, Points/Decade: 100.

Im Abb. 7.35 wird der maximale Wert $CTR = 1{,}27 = 127\,\%$ bei $I_F = 1{,}22$ mA und $U_{CE} = 10$ V erreicht.

> **AUFGABE**
>
> Darzustellen ist das Kennlinienfeld $I_C = f\,(U_{CE})$ mit I_F als Parameter in den Bereichen $U_{CE} = 0$ bis 10 V mit $I_F = (2, 5, 10, 15, 20)$ mA. ◄

Analyse Primary Sweep, DC Sweep, Voltage Source, Name: UCE, Linear, Start Value: = 008, End Value: 10, Increment: 1m, Secondary Sweep, Current Source, Name: IF, Value List: 2, 5, 10, 15, 20m.

Das analysierte Ausgangskennlinienfeld nach Abb. 7.36 stimmt näherungsweise mit dem des Makromodells überein.

7.4.4   NF-Signal-Übertragung

Optokoppler eignen sich zur Übertragung von Wechselgrößen [2, 3]. Im Abb. 7.37 ist eine Prinzipschaltung zur Übertragung eines NF-Sinussignals angegeben. Dieses Signal ist der LED-Durchlassspannung $U_F = V_{OFF} = 1$ V überlagert.

Über die nicht lineare spannungsgesteuerte Spannungsquelle EPOLY erfolgt eine Verknüpfung der Dioden-Durchlassspannung am Knoten F mit der Basis-Emitter-Spannung des Fototransistors.

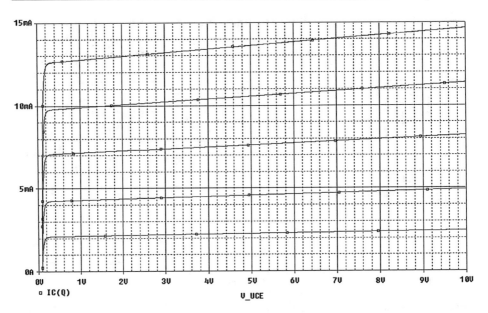

Abb. 7.36 Ausgangskennlinienfeld $I_C = f(U_{CE})$ mit $I_F = (2, 5, 10, 15, 20)$ mA als Parameter

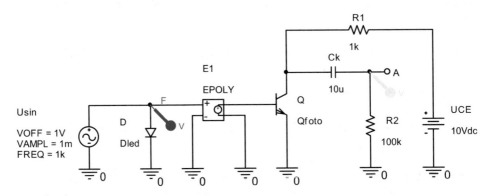

PSpiceTemplate = E^@REFDES %3 %4 VALUE={ -0.476*PWR(V(F),2)+1.472*PWR(V(F),1)-0.353}

Abb. 7.37 Schaltung zur Signalübertragung

Anmerkung Bei der DEMO-Version 10 ist gegenüber der Version 9.2 in der Schaltung nach Abb. 7.37 bei der Eingabe des Polynoms der Quelle EPOLY zwischen *VALUE* und dem Gleichheitszeichen eine Leerstelle vorzusehen [4].

Analyse Time Domain (Transient), Run to time: 3ms, Start saving data after: 0, Maximum step size: 1us.

Das Abb. 7.38 zeigt, dass die Eingangs-Sinusspannung 13,9-fach (entsprechend 22,9 dB) bei einer Phasenverschiebung von 180° verstärkt wird.

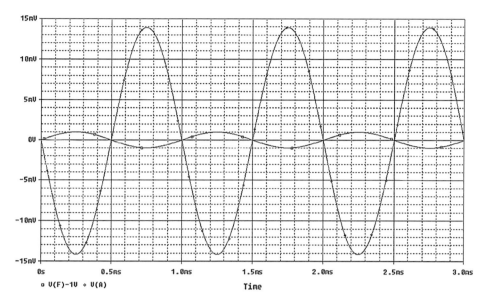

Abb. 7.38 Vom Optokoppler übertragenes NF-Sinussignal

Abb. 7.39 Schaltung zur Frequenzbereichsanalyse der Stromübertragung des Makromodells

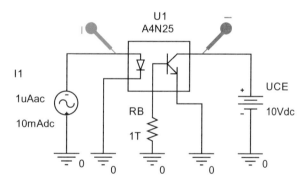

7.4.5 Frequenzabhängigkeit des Stromübertragungsfaktors

Mit der Schaltung von Abb. 7.39 kann die Frequenzabhängigkeit der *Kleinsignal-* Stromübertragung des Optokopplers untersucht werden.

Aus der Arbeitspunktanalyse gehen zunächst die Gleichstrom-Kenngrößen des Makromodells wie folgt hervor:

- $I_C = 8,153$ mA als Kollektorstrom des Fototransistors
- $I_D = 10$ mA als Durchlassstrom der LED.
- $CTR = 0,8153 = 81,53$ % als Stromübertragungsfaktor

Die Kleinsignal-Stromübertragungsfaktor *ctr* folgt aus den Wechselströmen bei kurzgeschlossenem Ausgang zu

$$ctr = \frac{I(U1:5)}{I(U1:1)} \tag{7.9}$$

Analyse AC Sweep, Start Frequency: 1k, End Frequency: 10Meg, Points/Decade: 100.

Das Diagramm nach Abb. 7.40 zeigt **ctr = 61,75 %** bei niedrigen Frequenzen und den näherungsweisen 1/f-Abfall dieser Kenngröße bei den hohen Frequenzen.

Zur Darstellung der Frequenzabhängigkeit des Kleinsignal-Stromübertragungsfaktors *ctr* wird das bisher verwendete Optokoppler-Modell (ähnlich wie beim Operationsverstärker) um einen *RC*-Tiefpass erweitert, siehe Abb. 7.41.

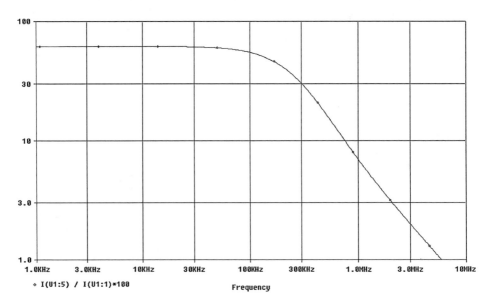

Abb. 7.40 Frequenzgang der Kleinsignal-Stromübertragung in Prozent für das Makromodell

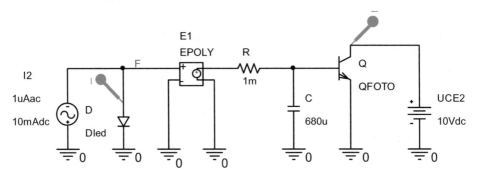

PSpiceTemplate = E^@REFDES %3 %4 VALUE={ -0.476*PWR(V(F),2)+1.472*PWR(V(F),1)-0.353}

Abb. 7.41 Optokoppler-Modell zur HF-Kleinsignal-Übertragung

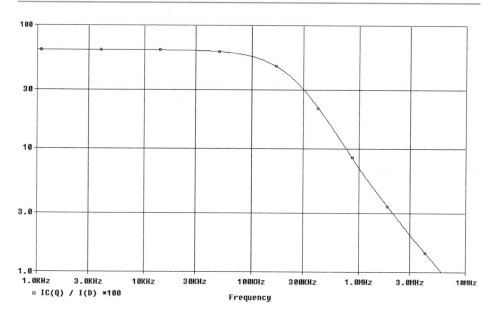

Abb. 7.42 Frequenzgang für das Optokoppler-HF-Modell

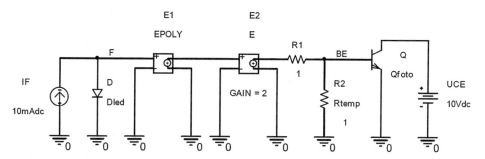

PSpiceTemplate = E^@REFDES %3 %4 VALUE ={-0.476*PWR(V(F),2)+1.472*PWR(V(F),1)-0.353}

Abb. 7.43 Optokoppler-Modell zur Darstellung der Temperaturabhängigkeit

Aus der Analyse wie für das Abb. 7.40 folgt das Diagramm von Abb. 7.42 in guter Übereinstimmung mit dem Makromodell.

7.4.6   Temperaturabhängigkeit des Optokopplers

Mit der Schaltung nach Abb. 7.43 wird das Optokoppler-Modell von Abb. 7.34 zur Berücksichtigung der Temperaturabhängigkeit um eine lineare, spannungsgesteuerte Spannungsquelle E_2 vom Typ E mit einem nachfolgendem Spannungsteiler erweitert. Während der Widerstand R_1 des Spannungsteilers einen konstanten Wert hat, stellt der aus der Break-Bibliothek stammende Widerstand R_2 einen temperaturabhängigen Widerstand dar mit

.model Rtemp RES (R=1 TC1=−4.81m TC2=7u Tnom=27)

Mit dieser Modellierung wird das Temperatur-Modell an die Kennlinie $V(U_1{:}6) = f(TEMP)$ des Makromodells bei $I_F = 10$ mA angepasst. Für den temperaturabhängigen Widerstand gilt:

$$R_2 = R_{27} \cdot \left[1 + TC_1 \cdot \left(TEMP - T_{nom} \right) + TC_2 \cdot \left(TEMP - T_{nom} \right)^2 \right] \qquad (7.10)$$

Dabei sind die Temperaturkoeffizienten $TC_1 = -4{,}81 \cdot 10^{-3}/°C$ und $TC_2 = 7 \cdot 10^{-6}/(°C)^2$ und die Bezugstemperatur beträgt $T_{nom} = 27\ °C$.

Im Modell der LED ist der Modellparameter EG (wie im Makromodell) nicht anzugeben.

AUFGABEN

Für den Temperaturbereich von −55 bis 100 °C sind zu analysieren:

- die LED-Spannung U_F und die Basis-Emitter-Spannung U_{BE} des Fototransistors
- der Stromübertragungsfaktor CTR ◄

Analyse DC Sweep, Temperature, Linear Start value. −55, End value: 100, Increment: 10m.

Das Abb. 7.44 zeigt das die LED-Durchlassspannung und die Basis-Emitter-Spannung des Fototransistors mit erhöhter Temperatur abnehmen. Auch der Stromübertragungsfaktor nach Abb. 7.45 verringert sich mit steigender Temperatur.

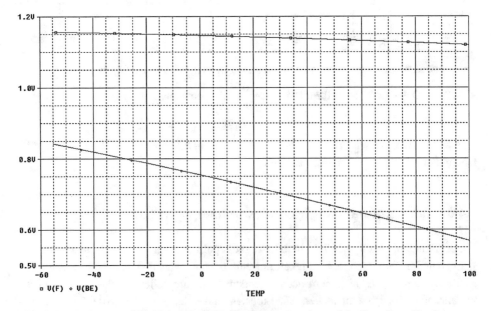

Abb. 7.44 Temperaturabhängigkeit der LED-Durchlassspannung und der Transistor-U_{BE}-Spannung

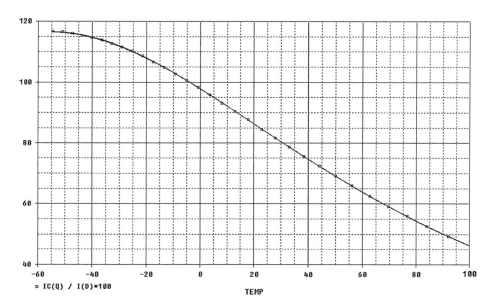

Abb. 7.45 Temperaturabhängigkeit des Stromübertragungsfaktors in Prozent bei $I_F = 10$ mA

Die beiden Analyseergebnisse stimmen näherungsweise mit den entsprechenden Kennlinien des Makromodells überein.

Literatur

1. CADENCE: OrCADPSPICE Demo-Versionen 9.2 bis 16.5
2. Böhmer, E. Ehrhardt, D., Oberschelp, W:: Elemente der angewandten Elektronik, Vieweg+ Teubner (2010)
3. Ose, R.: Elektrotechnik für Ingenieure, Fachbuchverlag Leipzig (2007)
4. Rashid, M. H., Rashid, H., M.: SPICE for Power Electronics and Electric Power, Taylor & Franzis, (2006)

Sensoren

8

Zusammenfassung

Das abschließende Kapitel befasst sich mit der Parameterextraktion von Temperatur-, Feuchte-, Licht- und Folien-Kraftsensoren. Außerdem werden Sensoren betrachtet, bei denen die Elemente von Schwingkreisen zu erfassen sind. Dazu zählen piezoelektrische Summer und Ultraschallsensoren. Ausgehend von Datenblattangaben werden diejenigen Modellparameter berechnet, die für eine Simulation mit dem Programm PSPICE erforderlich sind.

Sensoren erfassen unterschiedliche Messgrößen wie Temperatur, Feuchte, Licht, Kraft oder Schall. Das Programm PSPICE ermöglicht, dass auch nicht elektrische Größen in die Simulation einbezogen werden. Ruft man beispielsweise einen elektrischen Widerstand R mit dem Wert „1k" auf, dann kann dieser Wert durch eine Gleichung, welche die Bestrahlungsstärke E_v als Parameter beinhaltet, ersetzt werden. Die Gleichung ist in geschweifte Klammern zu setzen und dient als Modellierung eines Fotowiderstandes.

8.1 Temperatursensoren

Zu den Temperatursensoren zählen Heißleiter (NTC-Sensoren), Kaltleiter (PTC-Sensoren) aber auch Transistoren oder Oberflächenwellen-Verzögerungsleitungen.

8.1.1 NTC-Sensoren

Der negative Temperaturkoeffizient von NTC-Sensoren geht aus Gl. 8.1 hervor.

© Springer Fachmedien Wiesbaden GmbH, ein Teil von Springer Nature 2024   169
P. Baumann, *Parameterextraktion bei Halbleiterbauelementen*,
https://doi.org/10.1007/978-3-658-43821-0_8

$$R_T = R_N \cdot exp\left[B \cdot \left(\frac{1}{T} - \frac{1}{T_N} \right) \right]$$ (8.1)

Dabei ist R_N der Nennwiderstand bei der Nenntemperatur T_N und B die in Kelvin gemessene Materialkonstante.

Im Datenblatt für die NTC-Sensoren der Baureihe M87 von Siemens-Matsushita [1] werden folgende Parameter genannt:

- Maximale Leistung bei 25 °C: $P_{25} = 400$ mW
- Wärmeleitwert (Luft): $G_{th} \approx 2,5$ mW/K
- Thermische Abkühlkonstante (Luft) $T_{th} \approx 4$ s

Aus den Messwerten von Tab. 8.1 gehen die Modellparameter R_N und B hervor.

Der Parameter $R_N = R_{25}$ entspricht dem Widerstand R_T bei 25 °C und die Materialkonstante B wird mit Gl. 8.2 berechnet.

$$B = \frac{ln\left(R_{25}/R_{100} \right)}{1/298,15\,K - 1/373,15\,K}$$ (8.2)

ERGEBNIS

M87 / 5 : $R_{N1} = 5k\Omega, B = 3474K$; M87 / 10 : $R_{N2} = 10k\Omega, B = 3474K$.

Der Betriebsstrom I ist klein zu halten, damit die Zunahme der Temperatur und somit die Eigenerwärmung gering bleibt. Der vertretbare Strom wird mit Gl. 8.3 berechnet.

$$I = \sqrt{\Delta T \cdot G_{th}/R_N}$$ (8.3)

Für $\Delta T = 0,5$ °C, $R_N = 10$ kΩ und $G_{th} = 2,5$ mW/K erhält man $I = 0,35$ mA.

Die Schaltung zur Simulation der NTC-Kennlinien zeigt Abb. 8.1.

Die NTC-Funktion wird durch die Modellparameter R_N und B bestimmt.

Analyse DC Sweep, Global Parameter, Parameter Name: T, Linear, Start value: 223.15, End value: 373.15, Increment: 1, Plot, Axis Settings, Axis variable: T-223.15.

AUSWERTUNG

Die betreffenden NTC-Sensoren bestehen aus einer Oxidkeramik-Scheibe in einem Glasgehäuse. Bei einer Temperaturerhöhung werden mehr Ladungsträger freigesetzt womit der Widerstand kleiner wird. Abb. 8.2 zeigt die exponentielle Abnahme des

Sensorwiderstand	M87/5	M87/10
R_T bei 25 °C	5 kΩ	10 kΩ
R_T bei 100 °C	487,7 Ω	961,4 Ω

Tab. 8.1 Messwerte von NTC-Sensoren nach [1]

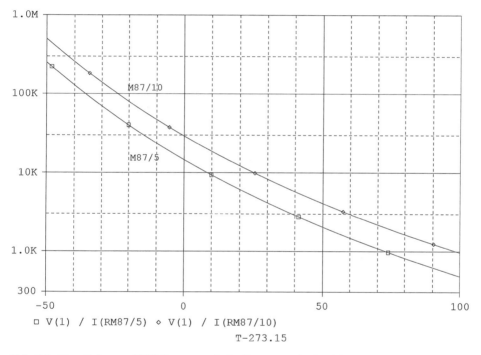

Abb. 8.1 Schaltung zur Simulation der Sensorkennlinien

Abb. 8.2 Kennlinien von NTC-Sensoren mit der Temperatur in Grad Celsius

Sensorwiderstandes für ansteigende Temperatur. Bei 25 °C erscheinen die Nennwiderstände $R_{N1} = 5$ kΩ und $R_{N2} = 10$ kΩ.

8.1.2 PTC-Sensoren

Betrachtet wird ein Silizium-Temperatursensor aus der Baureihe KTY81 von Infineon [2] nach dem Prinzip eines Ausbreitungswiderstandes siehe Abb. 8.3. Der positive Temperaturkoeffizient des Sensorwiderstandes beruht auf der bei steigender Temperatur abnehmenden

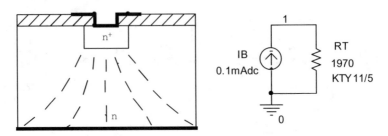

Abb. 8.3 Aufbau und Beschaltung des Silizium-Temperatursensors

Halbleiter-Beweglichkeit. Auf dieser Basis kann der Temperaturgang des Widerstandes mit Gl. 8.4 beschrieben werden.

$$R_T = R_N \cdot \left(\frac{T}{T_N}\right)^{-n} \tag{8.4}$$

ERGEBNIS
Für den Sensortyp KTY81/5 erhält man den Modellparameter $R_N = R_{25} \approx 1970\ \Omega$ bei $T_N = 298{,}15$ K und den Exponenten $n = 2{,}42$. Die variable Größe T entspricht der absoluten Temperatur in Kelvin.

Der Hersteller extrahiert aus der gemessenen Sensorkennlinie den für 25 °C geltenden Widerstand R_{25} und zwei positive Temperaturkoeffizienten, siehe Gl. 8.5.

$$R_T = R_{25} \cdot \left[1 + TC_1 \cdot \left(Temp - Tnom \right) + T_{C2} \cdot \left(Temp - Tnom \right)^2 \right] \tag{8.5}$$

Im Datenblatt nennt Infineon [2] für den PTC-Sensor KTY81/5 die nachfolgenden Modellparameter.

ERGEBNIS
$TC_1 = 7{,}88 \cdot 10^{-3}$ K^{-1} und $TC_2 = 1{,}937 \cdot 10^{-5}$ K^{-2} sowie $R_{25\ min} = 1950\ \Omega$, $R_{25\ max} = 1990\ \Omega$.
  Das geometrische Mittel ergibt $R_{25} = 1970\ \Omega$.
  Die Modellparameter sind über Edit, PSPICE Model in einen Widerstand Rbreak wie folgt einzugeben:
  .model KTY11/5 RES R = 1 TC1 = 7,88 m TC2 = 19,37 u Tnom = 25

AUFGABE

Mit der Schaltung nach Abb. 8.3 ist die Temperaturkennlinie des NTC-Sensors KTY11/5 zu analysieren und darzustellen. ◀

Analyse DC Sweep, Temperature, Linear, Start value: -50, End value: 150, Increment: 0.1.

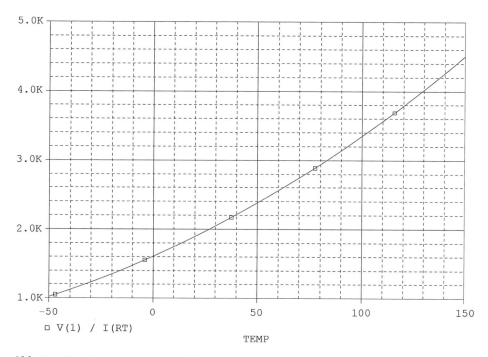

Abb. 8.4 Simulierte Kennlinie des Silizium-Temperatursensors

AUSWERTUNG

Abb. 8.4 zeigt die simulierte nicht lineare Kennlinie des PTC-Sensors. Der Einfluss der beiden positiven Temperaturkoeffizienten ist erkennbar. Bei der Temperatur von 25 °C erscheint der Widerstand $R_{25} = 1970\ \Omega$.

8.2 Feuchtesensoren

8.2.1 Elektrolytische Feuchtesensoren

Die Abb. 8.5 zeigt den prinzipiellen Aufbau und die Beschaltung des elektrolytischen Polymer-Feuchtesensors EFS-10 von B + B Thermotechnik [3]. Ausgewertet wird die Abhängigkeit der Leitfähigkeit des hygroskopischen Materials von der Luftfeuchtigkeit.

Das Datenblatt enthält folgende Angaben:

- Feuchtebereich $\Delta F_r = 20$ bis 95 %
- Temperaturbereich $\Delta T = 0$ bis 60 °C
- Impedanzbereich $\Delta Z = 1{,}5$ kΩ bis 3 MΩ
- Messfrequenz: 1 kHz (0,1 bis 5 kHz)

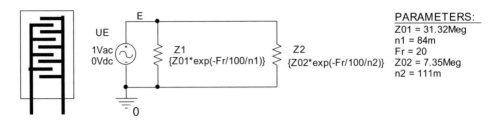

Abb. 8.5 Aufbau und Beschaltung des analytischen Feuchtesensors

Tab. 8.2 Messwerte der Impedanz des Feuchtesensors bei 25 °C nach [3]

Relative Feuchte F_r	$F_r = 20\% = F_{r20}$	$F_r = 50\% = F_{r50}$	$F_r = 90\% = F_{r90}$
Impedanz Z	$Z_{20} = 2{,}89\ \mathrm{M\Omega}$	$Z_{50} = 81\ \mathrm{k\Omega}$	$Z_{90} = 2{,}2\mathrm{k\Omega}$

Die vom Hersteller angegebenen, exponentiell abfallenden Sensor-Kennlinien $Z = f(F_r)$ weisen zwei unterschiedliche Bereiche auf:

- $Z_1 = f(F_r)$ für $\Delta F_r = 20$ bis 50% nach Gl. 8.6
- $Z_2 = f(F_r)$ für $\Delta F_r = 50$ bis 90% nach Gl. 8.7

AUSWERTUNG

Die Gleichungen beinhalten die Parameter Z_{01} und Z_{02} als Anfangswerte bei $F = F_r = 0\%$ sowie die Parameter n_1 und n_2, welche die Steigung bestimmen.

$$Z_1 = Z_{01} \cdot \exp\left(\frac{-F_r}{100\% \cdot n_1}\right) \tag{8.6}$$

$$Z_2 = Z_{02} \cdot \exp\left(\frac{-F_r}{100\% \cdot n_2}\right) \tag{8.7}$$

Die Steigungsparameter n_1 und n_2 gemäß der Gl. 8.8 und 8.9 gehen aus der Logarithmierung der Gl. 8.6 und Gl. 8.7 hervor.

$$n_1 = \frac{F_{r50} - F_{r20}}{100\% \cdot \ln\left(Z_{20}/Z_{50}\right)} \tag{8.8}$$

$$n_2 = \frac{F_{r90} - F_{r50}}{100\% \cdot \ln\left(Z_{50}/Z_{90}\right)} \tag{8.9}$$

In Tab. 8.2 sind Messwerte des Herstellers aufgeführt, aus denen die Modellparameter des elektrolytischen Feuchtesensors extrahiert werden können.

ERGEBNIS

Die Berechnung der Parameter ergibt: $n_1 = 84 \cdot 10^{-3}$, $Z_{01} = 31{,}32$ MΩ, $n_2 = 111 \cdot 10^{-3}$, $Z_{02} = 7{,}35$ MΩ.

Die Analyse der Kennlinie ist mit den Modellparametern in der Schreibweise gemäß PSPICE auszuführen.

Analyse Analysis type: AC Sweep/Noise, AC Sweep type: Logarithmic, Decade, Start Frequency: 1 kHz, End Frequency: 1 kHz, Points/Decade: 1, Options: Parametric Sweep, Sweep variable: Global Parameter, Parameter Name: Fr, Sweep type: Linear, Start value: 20, End value. 50, Increment: 0.1.

AUSWERTUNG

Abb. 8.6 zeigt die exponentiellen Kennlinien in den beiden Bereichen der relativen Feuchte. Die in Tab. 8.2 angegebenen Hersteller-Werte werden erfüllt.

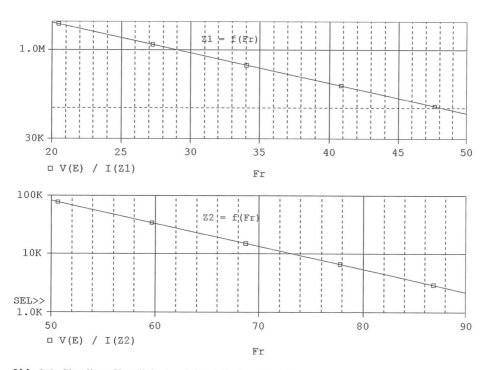

Abb. 8.6 Simulierte Kennlinie des elektrolytischen Feuchtesensors

Tab. 8.3   Technische Daten kapazitiver Feuchtesensoren bei 23 °C nach [3]

	KFS 140-D	KFS 33-LC
Nennkapazität C	150 pF +/− 50 pF (bei T=23 °C, F_r=30 %)	330 pF +/− 20 pF (bei T=23 °C, F_r=55 %)
Steigung m	0,25 pF/%F_r	0,65 pF/%F_r bei 23 °C
Temperaturdrift	–	0,16 pF/K (von 5 bis 70 °C)

8.2.2   Kapazitive Feuchtesensoren

Als ein Beispiel kapazitiver Feuchtesensoren werden die Typen KFS 140-D und KFS 33-LC von B + B Thermotechnik [3] betrachtet. Diese Sensoren enthalten als Dielektrikum eine Polymer-Schicht. Die relative Dielektrizitätskonstante dieser Schicht und somit auch die Kapazität nehmen bei ansteigender Feuchtigkeit nahezu linear zu. Der Bereich relativer Feuchte beträgt ΔF_r=0 bis 100 % und der Frequenzbereich wird mit Δf=1 bis 100 kHz angegeben. In Tab. 8.3 sind einige Daten dieser Sensoren zusammengestellt.

AUSWERTUNG
Die Kennlinie wird mit der Gl. 8.10 beschrieben. Dabei stellt C_0 die Anfangskapazität bei F_r=0 % dar.

$$C = C_0 + m \cdot F_r \tag{8.10}$$

Aus Gl. 8.10 und den Werten von Tab. 8.3 gehen die Modellparameter für 23 °C hervor. Der Werte der Steigung m des Sensors KFS33-LC wurden aus den Hersteller-Kennlinien ermittelt.

ERGEBNIS
- KFS 140-D bei 23 °C: C_0=**142,5 pF** und m=**0,25 pF/%F_r**
- KFS 33-LC bei 23 °C: C_0=**294,3 pF** und m=**0,65 pF/%Fr**
- KFS 33-LC bei 70 °C: C_0=**289 pF** und m=**0,6 pF/%Fr**

AUFGABE

Mit der Schaltung nach Abb. 8.7 sind die Kennlinien C=f(F_r) im Bereich ΔF_r=20 bis 90 % zu simulieren. ◄

Analyse   AC Sweep/Noise, Logarithmic, Start Frequency: 10 kHz End Frequency: 10 kHz, Points/Decade: 1, Parametric Sweep, Global Parameter, Parameter Name: Fr, Start value: 20, End value: 90, Increment: 0.1.

Das Ergebnis der Analyse zeigt Abb. 8.8.

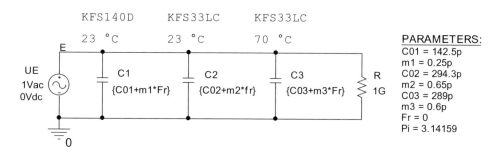

Abb. 8.7 Schaltung zur Simulation der Kennlinien

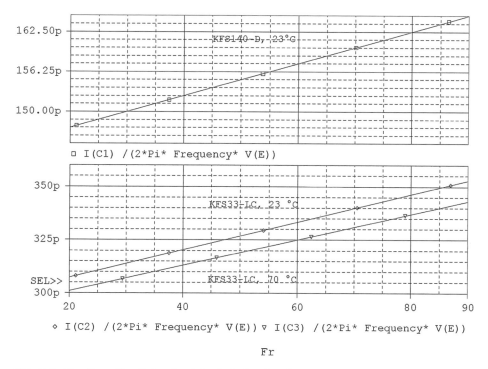

Abb. 8.8 Simulierte Kennlinien der elektrolytischen Feuchtesensoren

AUSWERTUNG

Ausgewertet werden die Wechselgrößen bei der Frequenz $f = 10$ kHz. Die Sensorkapazität wird mit $C = I(C)/(\omega \cdot f \cdot V(E))$ aufgerufen. Im Bereich $\Delta F_r = 20$ bis 90 % umfasst der ausnutzbare Kapazitätsbereich bei $T = 23$ °C lediglich $\Delta C = 18$ pF beim Sensor KFS 140-D und 46 pF beim Sensor KFS 33-LC. Bei $T = 70$ °C ist der lineare Kapazitätszuwachs etwas geringer als bei 23 °C und bei $F_r = 55$ % verringert sich die Kapazität bei 70 °C um $\Delta C = 8$ pF gegenüber dem Wert bei 23 °C.

8.3   Optische Sensoren

8.3.1   Fotowiderstände

Betrachtet wird ein CdS-Fotowiderstand T9060/22 von Perkin-Elmer [4]. Das Datenblatt nennt folgende typische Kennwerte:

- $R_{10} = 1,8$ bis $4,5$ kΩ bei $E_v = 10$ lx
- $R_{100} = 0,7$ kΩ bei $E_v = 100$ lx
- $\gamma = 0,6$
- $U_{max} = 200$ V
- $P_{max} = 200$ mW

Die Abhängigkeit der Widerstandswerte von der Beleuchtungsstärke E_v beschreibt die Gl. 8.11.

$$\frac{R_{10}}{R_{100}} = \left(\frac{E_{v100}}{E_{v10}} \right)^{\gamma} \tag{8.11}$$

Der Exponent γ folgt aus der Logarithmierung von Gl. 8.11, siehe Gl. 8.12.

$$\gamma = \frac{lg\left(R_{10}/R_{100} \right)}{lg\left(E_{v100}/E_{v10} \right)} \tag{8.12}$$

AUSWERTUNG
Mit dem Modellparameter $\gamma = 0,6$ liefert Gl. 8.11 den Modellparameter $R_{10} = 2,79$ kΩ.
Im Bereich $\Delta E_v = 10$ bis 1000 lx gilt für den Fotowiderstand R_p näherungsweise die. Gl. 8.13.

$$R_p = R_{10} \cdot \left(\frac{E_v}{E_{v10}} \right)^{-\gamma} \tag{8.13}$$

AUFGABE

Die Sensorkennlinie $R_p = f(E_v)$ nach Gl. 8.13 ist mit der Schaltung nach Abb. 8.9 für den Bereich der Beleuchtungsstärke $\Delta E_v = 1$ bis 100 lx darzustellen. ◄

Analyse DC Sweep, Sweep variable: Global Parameter, Parameter Name: Ev, Sweep type: Logarithmic Decade, Start value: 1, End value: 1k.

AUSWERTUNG
Die simulierte Kennlinie nach Abb. 8.10 entspricht der Datenblattangabe.

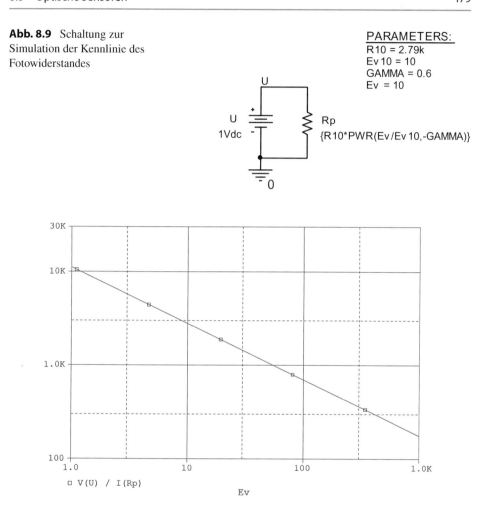

Abb. 8.9 Schaltung zur Simulation der Kennlinie des Fotowiderstandes

PARAMETERS:
R10 = 2.79k
Ev 10 = 10
GAMMA = 0.6
Ev = 10

Abb. 8.10 Simulierte Kennlinien des Fotowiderstandes

AUFGABE

Darzustellen ist die Strom-Spannungs-Kennlinie für den Spannungsbereich $\Delta U = 0$ bis 100 V mit der Verlustleistungshyperbel für $P = 200$ mW. ◄

Analyse DC Sweep, Sweep variable: Voltage Source, Name: U, Linear, Start value: 0, End value: 100, Increment: 0.1, Parametric Sweep, Global Parameter, Parameter Name: Ev, Value list: 10, 30, 100, 300, 1000.

AUSWERTUNG

Die Darstellung nach Abb. 8.11 zeigt die Abnahme des Fotowiderstandes.

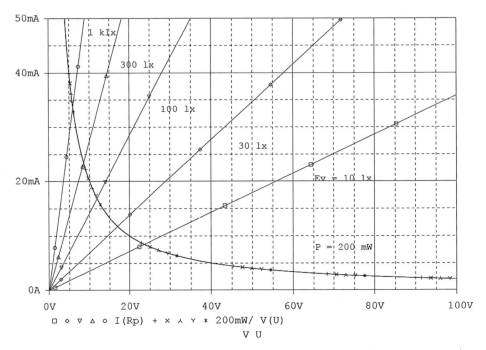

Abb. 8.11 Simuliertes Kennlinienfeld mit Verlustleistungshyperbel

$R_p = V\_U/I(R_p)$ bei zunehmender Beleuchtungsstärke E_v. Längs der Verlustleistungs-hyperbel ist das Produkt aus dem Strom $I = 200$ mW/V(U) und der laufenden Spannung V(U) konstant.

8.3.2 RGB-Farbsensor

8.3.2.1 Technische Daten
Die nachfolgende Parameterextraktion wird an einem Farbsensor vorgenommen, der als Silizium-Fotodiode mit drei Kreissegmenten jeweils für die Farben Rot, Grün und Blau sensitiv ist. Der Durchmesser der fotosensitiven Fläche beträgt $D = 2$ mm. Die Kenndaten eines derartigen RGB-Farbsensors zeigt Tab. 8.4.

8.3.2.2 Parameterextraktion
Sättigungsstrom

Der Sättigungsstrom der Fotodiode kann über Gl. 8.14 mit der Leerlaufspannung $U_0 = 0{,}4$ V bei $E_v = 1$ klx abgeschätzt werden.

$$I_S = \frac{I_K}{\exp\left(U_0/U_T\right)} \tag{8.14}$$

Tab. 8.4 Technische Daten des RGB-Farbsensors S9032/02 von Hamamatsu [5]

Farbe	Rot	Grün	Blau
Fotosensitive Fläche A	1,047 mm²	1,047 mm²	1,047 mm²
Spektralbereich $\Delta\lambda$	(590–720) nm	(480–600) nm	(400–540) nm)
Wellenlänge maximale Sensitivität λ_p	620 nm	540 nm	460 nm
Sensitivität S_{max} bei $\lambda = \lambda_p$	0,16 A/W	0,23 A/W	0,18 A/W
Spektrale Bandbreite B_s für $S = S_{max}/2$	70 nm	60 nm	90 nm
Kapazität C_j bei $U_R = 0$ V, $f = 10$ kHz	40 pF	40 pF	40 pF
Kurzschlussstrom I_K bei $E_v = 1$ kHz	410 nA	290 nA	190 nA

Tab. 8.5 Werte der Kapazitätskennlinie des Farbsensors S9032/02 nach [5]

U_R in V	0,1	0,4	1	2	3	6	10
C_j in pF	36	30	24	20	18,5	18,1	18

Mit der Temperaturspannung $U_T = 25{,}69$ mV bei $T = 25$ °C erhält man für die Dioden: $I_S = 70{,}91$ **fA** für D_{rot}, $I_S = 50{,}16$ **fA** für $D_{grün}$ und $I_S = 32{,}86$ **fA** für D_{blau}.

Kapazitätskennlinie

Die Auswertung der Kapazitätskennlinie mit dem Programm MODEL EDITOR liefert als Dioden-Modellparameter die für $U_R = 0$ V geltende Sperrschichtkapazität C_{JO}, den Exponenten M und die Diffusionsspannung V_J (Tab. 8.5). Näherungsweise gilt Gl. 8.15.

$$C_j = \frac{C_{JO}}{\left(1 + \dfrac{U_R}{V_J}\right)^M} \tag{8.15}$$

Die Parameterextraktion ergibt $C_{JO} = 36{,}36$ **pF**, $M = 0{,}2721$ und $V_J = 0{,}3905$ **V**.

Dunkelkennlinie

Aus der Dunkelkennlinie $I_R = f(U_R)$ lassen sich bei kleineren Sperrspannungen der Sperrsättigungsstrom I_{SR} und der Emissionskoeffizient N_R ermitteln. Beide Parameter bestimmen gemäß Gl. 8.16 den Sperrstrom I_R. Bei höheren Sperrspannungen wirken sich Durchbrucheffekte aus, siehe Gl. 8.16.

$$I_R = I_S + I_{SR} \cdot \left(\frac{1}{\exp\left(U_R / (N_R \cdot U_T)\right)} - 1\right) \cdot \left(1 + \frac{U_R}{V_J}\right)^M + I_{BV} \cdot \exp\left(\frac{U_R - BV}{N_{BV} \cdot U_T}\right) \tag{8.16}$$

Die Werte aus Tab. 8.6 sind in das Programm MODEL EDITOR einzugeben. Die weitere Auswertung erfolgt über Tools, Extract Parameters.

Tab. 8.6 Werte der	U_R in V	0,01	0,03	0,1	0,3	1	3	10
Dunkelkennlinie des	I_R in pA	0,3	0,85	1,8	2,8	4,9	19	29

Farbsensors S9032/02 nach [5]

Für den Bereich $\Delta U_R = 0{,}01$ bis 1 V ergibt die Extraktion: $\boldsymbol{I_{SR} = 3{,}34}$ **pA** und $\boldsymbol{N_R = 4{,}995}$. Bei $U_R > 1$ V sind die Durchbruchspannung BV, der dazugehörige Strom I_{BV} und der Faktor N_{BV} einzubeziehen. Es werden verwendet: $I_{BV} = 29$ pA, $BV = 10{,}5$ V und $N_{BV} = 65$ sowie ein Serienwiderstand $R_S = 1$ Ω.

MODELLIERUNG
Die drei Dioden sind wie folgt zu modellieren:

- .model Drot D IS=70,91 f. ISR=3,34p NR=4,995 CJO=36,36p M=0,2721 VJ=0,3905 IBV=78p BV=12 NBV=55 RS=1
- .model Dgruen D IS=50,16 f. ISR=3,34p NR=4,995 CJO=36,36p M=0,2721 VJ=0,3905 IBV=78p BV=12 NBV=55 RS=1
- .model Dblau D IS=32,86 f. ISR=3,34p NR=4,995 CJO=36,36p M=0,2721 VJ=0,3905 IBV=78p BV=12 NBV=55 RS=1

AUFGABE

Mit der Schaltung nach Abb. 8.12 ist die Abhängigkeit der Kurzschlussströme von der Beleuchtungsstärke zu analysieren. Der Buchstabe F weist auf das Filter hin. Über die Sensitivität $S_v = I_K / E_v$ in der Einheit A/lx wird die Beleuchtungsstärke E_v als globaler Parameter von PSPICE in die Analyse einbezogen. ◀

Analyse DC Sweep, Sweep variable: Global Parameter, Name: Ev, Logarithmic, Decade, Start value: 10, End value: 10k, Points/Decade: 1k.

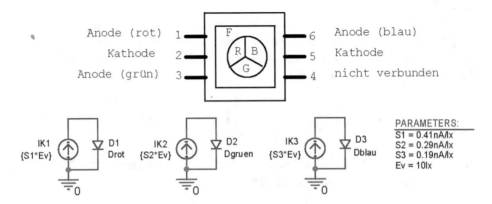

Abb. 8.12 Aufbau und Beschaltung des RGB-Farbsensors S9032/02

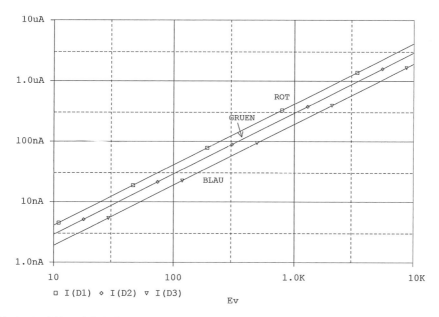

Abb. 8.13 Abhängigkeit der Kurzschlussströme von der Beleuchtungsstärke

Das Analyse-Ergebnis nach Abb. 8.13 entspricht den Dioden-Kennlinien des Datenblatts.

8.3.2.3 Licht-Spannungswandlung

Werden die drei mit $U_{ref} = 3$ V gesperrten Dioden jeweils als Bestandteil eines Transimpedanz-Verstärkers eingesetzt, dann kann der einfallende Lichtstrom in Verbindung mit einem hochohmigen Gegenkopplungswiderstand und einem Nullabgleich nach [5, 6] in eine Ausgangsspannung umgewandelt werden, siehe Abb. 8.14. Der nächste Schritt ist eine Spannungs-Frequenzumformung.

AUFGABE

Mit der Schaltung nach Abb. 8.14 sind die Ausgangsspannungen der drei Dioden in Abhängigkeit von der Beleuchtungsstärke im Bereich $\Delta E_v = 0$ bis 10 klx darzustellen. Die Licht-Spannungswandlung am Beispiel der roten Diode beschreibt Gl. 8.17. Für $E_v = 4$ klx erhält man $U_{Arot} = 3$ V $- 0,41$ nA/lx$* 4$ klx $*$ M$\Omega = 1,36$ V, siehe Abb. 8.15.

$$U_{Arot} = U_{ref} - S_r * E_v * R_3 \qquad (8.17)$$

◄

Analyse DC Sweep, Global Parameter, Parameter Name: Ev, Linear, Start value: 0, End value: 10klx, Increment: 10 lx.

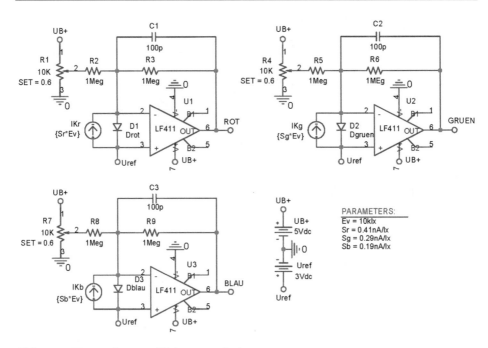

Abb. 8.14 Umwandlung von Lichtströmen in Ausgangsspannungen

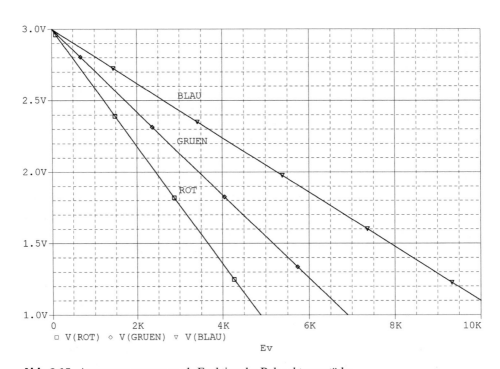

Abb. 8.15 Ausgangsspannungen als Funktion der Beleuchtungsstärke

AUSWERTUNG

Das Analyseergebnis nach Abb. 8.15 zeigt anschaulich, dass bei gleicher Beleuchtungs-stärke und gleich großem Gegenkopplungswiderstand die folgenden Relationen für die Ausgangsspannungen gelten: $U_{Arot} > U_{Agruen} > U_{Ablau}$.

8.3.2.4 Kennlinien des Farbsensors

AUFGABE

Darzustellen ist die für alle drei Dioden gleichermaßen geltende Dunkelkennlinie.
$I_R = f(U_R)$ für $\Delta U_R = 0{,}01$ bis 10 V. Die Analyse ist mit der Schaltung nach Abb. 8.16 vorzunehmen. ◄

Analyse   DC Sweep, Sweep variable: Voltage Source, Name: UR, Logarithmic, Decade, Start value: 10, End value: 10k, Points/Decade: 1k.

ERGEBNIS

Die simulierte Dunkelkennlinie nach Abb. 8.17 stimmt im Bereich $\Delta U_R = 0{,}01$ bis 1 V gut mit der vom Hersteller angegebenen Kennlinie überein; erreicht wird auch der Endwert $I_R = 29$ pA bei $U_R = 10$ V. Die im Bereich $\Delta U_R = 1$ bis 9 V simulierten Sperrströme sind jedoch beträchtlich kleiner als diejenigen des Datenblatts.

AUFGABE

Mit der Schaltung nach Abb. 8.18 ist die Kapazitätskennlinie $C_j = f(U_R)$ im Bereich $\Delta U_R = 0{,}1$ bis 10 V zu simulieren. Zu verwenden ist die Gl. 8.18, die den Zusammenhang zwischen der Sperrspannung und der Sperrschichtkapazität beschreibt.

$$U_R = V_j \cdot \left[\left(\frac{C_{JO}}{C_j} \right)^{\frac{1}{M}} - 1 \right] \qquad (8.18)$$

◄

Analyse   DC Sweep, Sweep variable: Global Parameter, Parameter Name: Cj, Logarithmic, Start value: 10p End value: 40p, Points/Decade: 1k, PSpice run.

Abb. 8.16   Schaltung zur
Simulation der
Dunkelkennlinie

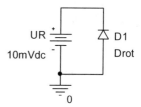

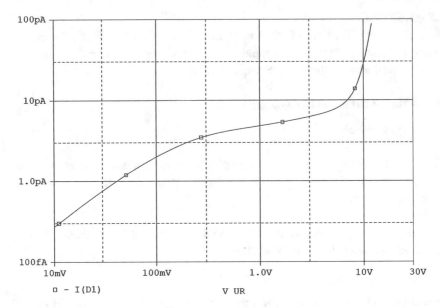

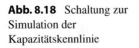

Abb. 8.17 Simulierte Dunkelkennlinie

Abb. 8.18 Schaltung zur
Simulation der
Kapazitätskennlinie

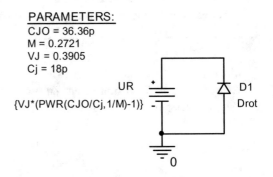

PARAMETERS:
CJO = 36.36p
M = 0.2721
VJ = 0.3905
Cj = 18p

{VJ*(PWR(CJO/Cj,1/M)-1)}

    Diagramm bearbeiten: Trace Add trace: Cj, Plot Axis Settings, Axis variable, Simulation output variable: V(UR:+), Plot Axis Settings, X Axis, User defined: 0,1 V to 10 V, Log, OK.

ERGEBNIS

Das Analyseergebnis nach Abb. 8.19 bildet die angegebene Kennlinie des Herstellers brauchbar ab.

Die Abhängigkeit der spektralen Sensitivität (Empfindlichkeit) S in der Einheit A/W von der Wellenlänge λ beschreibt Gl. 8.19 [6]. Die Werte für die maximale Sensitivität S_{max} mit der dazu gehörigen Wellenlänge λ_{max} sowie für die spektrale Bandbreite B_s der drei Dioden wurden bereits zuvor in Tab. 8.4 angegeben.

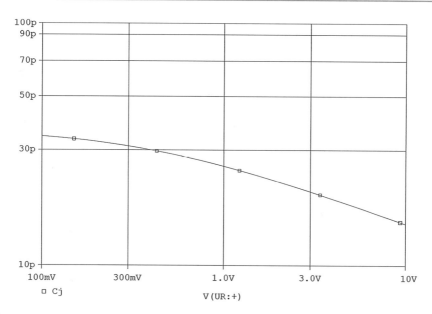

Abb. 8.19 Simulierte Kapazitätskennlinie

$$S = \frac{S_{max}}{exp\left[\dfrac{ln(2)\cdot\left(\lambda - \lambda_p\right)^2}{\left(B_s/2\right)^2}\right]} \qquad (8.19)$$

AUFGABE

Mit der Schaltung nach Abb. 8.20 sind die Sensitivitätsverläufe der drei Dioden im Bereich $\Delta \lambda = 300$ bis 800 nm darzustellen. Die in eine geschweifte Klammer gesetzte Gl. 8.19 ist als Wert der Stromquelle einzugeben und mit dem Faktor 1/1 W zu multiplizieren. ◄

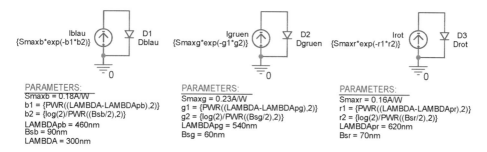

Abb. 8.20 Schaltungen zur Simulation der spektralen Empfindlichkeit

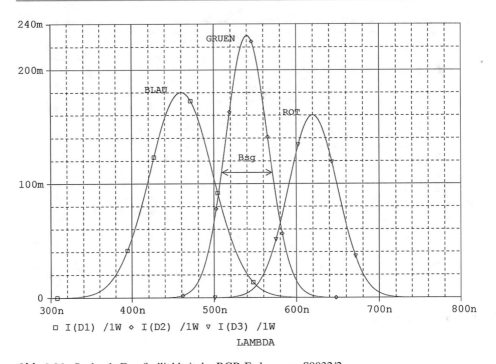

Abb. 8.21 Spektrale Empfindlichkeit des RGB-Farbsensors S9032/2

Analyse DC Sweep, Global Parameter, Parameter Name: LAMBDA, Linear, Start value: 300n, End value: 800n, Increment: 0.1n.

ERGEBNIS

In Abb. 8.21 wird die spektrale Empfindlichkeit der drei Dioden wie im Datenblatt dargestellt. Die Größe S als Quotient von Fotostrom I_p und Strahlungsleistung Φ_e erscheint in der Einheit mA/W und die Wellenlänge Lambda in der Einheit Nanometer (nm). Bei der grünen Diode ist die spektrale Bandbreite mit $B_{sg}=60$ nm markiert.

8.4   Folien-Kraftsensor

8.4.1   Aufbau und Messschaltung

Folien-Kraftsensoren enthalten eine interdigitale Elektrodenanordnung auf einer Polymer-Dickschicht, siehe Abb. 8.22. Wird eine Kraft durch Antippen auf die Sensor-Oberfläche ausgeübt, dann verringert sich der elektrische Widerstand gemäß Gl. 8.20. Dabei ist m die (kurzzeitig) einwirkende Masse. Mit c wird ein Koeffizient bezeichnet und n ist der Exponent. Die Temperaturabhängigkeit des Widerstandes kann mit einem linearen Temperaturkoeffizienten TC_1 gemäß PSPICE erfasst werden.

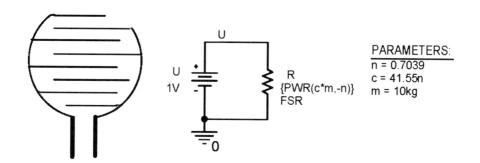

Abb. 8.22 Schaltung zur Simulation der Widerstandskennlinie

Tab. 8.7 Wertepaare zur Widerstandskennlinie nach [7]

Masse m	$m_2 = 50$ g	100 g	1 kg	$m_1 = 10$ kg
Widerstand R	$R_2 = 10$ kΩ	6 kΩ	1,1 kΩ	$R_1 = 240$ Ω

$$R = (c \cdot m)^{-n} \tag{8.20}$$

Aus der Logarithmierung folgt der Exponent n über zwei Wertepaare nach Gl. 8.21.

$$n = \frac{lg(R_2/R_1)}{lg(m_1/m_2)} \tag{8.21}$$

Für die Baureihe FSR 400 werden von Interlink Electronics folgende Kenndaten genannt [7]:

- Einschaltkraft $F = 0{,}2$ bis 1 N
- Unbelasteter Widerstand $R > 1$ MΩ
- Temperaturkoeffizient $TC_1 = -0{,}8$ %/K
- Strom pro cm² aktivierter Fläche $I_{max} = 1$ mA

In Tab. 8.7 sind Angaben zur Widerstandskennlinie zusammengestellt.

Mit den Gl. 8.20 und 8.21 und den Werten aus Tab. 8.5 erhält man $\boldsymbol{n = 0{,}7039}$ und $c = \mathbf{41{,}55 \cdot 10^{-9}}$.

8.4.2 Widerstandskennlinie

AUFGABE

Mit der Schaltung nach Abb. 8.22 sind die Widerstandskennlinien des Folien-Kraftsensors FSR 400 für die Temperaturen $T = 0$, 27 und 60 °C zu simulieren. ◄

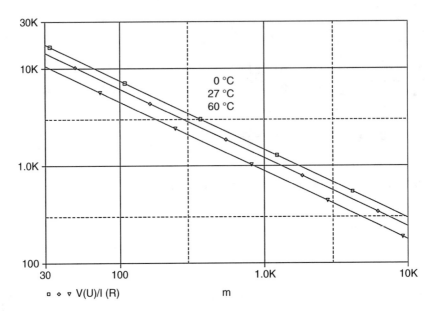

Abb. 8.23 Simulierte Widerstandskennlinien bei drei Temperaturen

Analyse DC Sweep, Global Parameter, Parameter Name: m, Logarithmic, Start value: 30, End value: 10 kg, Points/Decade: 1k, Parametric Sweep, Temperature, Value list, 0 27 60.

Mit Abb. 8.23 wird die starke Widerstandsabnahme bei Zunahme der Masse verdeutlicht. Dabei ist der Einfluss der Temperatur beachtlich groß.

8.5 Piezoelektrische Summer

Die nachfolgend zu betrachtenden Summer nutzen den reziproken piezoelektrischen Effekt. Wird demzufolge eine Wechselspannung an eine Anordnung mit einer PZT-Keramik-Scheibe auf einer Messing-Scheibe angelegt, dann werden die erzeugten Schwingungen von der Keramik auf die Metall-Membran übertragen. Die Schwingfrequenzen werden von den Werkstoffeigenschaften und Abmessungen der verwendeten Materialien bestimmt und liegen im Kilohertz-Bereich. Im Angebot sind Summer mit zwei Elektroden, die eine externe Ansteuerung benötigen und Summer, bei denen die dritte Elektrode zur Rückkopplung dient und somit eine Selbstansteuerung dieses Summertyps ermöglicht.

8.5.1 Summer für externe Ansteuerung

In Tab. 8.8 sind die Kenndaten eines piezoelektrischen Summers von EKULIT [8] zusammengestellt. Dieser Summer weist zwei Anschlüsse auf und benötigt eine externe Ansteuerung über einen Rechteck- oder Sinusgenerator.

Die Summer-Abmessungen und die Messschaltung zeigt Abb. 8.24. In der Schaltung sind die zu ermitelnden Werte vorab bereits eingetragen.

Die Messwerte sind in Tab. 8.9 zusammengestellt.

PARAMETEREXTRAKTION

Der Quotient der Kapazitäten geht aus der Relation der Resonanzfrequenzen gemäß Gl. 8.22 hervor.

Tab. 8.8 Kenndaten des Summers EPZ-27MS44W nach [8]

Parameter	Wert	Abmessung	Wert
Frequenz f	4,4 kHz	Durchmesser D	27 mm
Impedanz R_1	200 Ω	Durchmesser d	20 mm
Kapazität C	21 nF	Dicke T	0,53 mm
Temperatur T	-30 bis 80 °C	Dicke t	0,28 mm

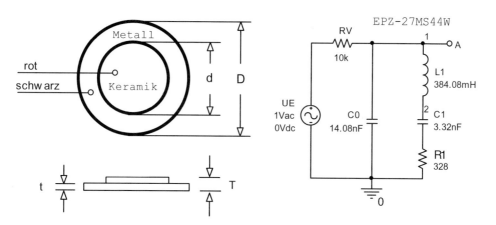

Abb. 8.24 Aufbau und Messschaltung des Summers für externe Steuerung

Tab. 8.9 Messwerte des Summers EPZ-27MS44W

Parameter	Wert	Parameter	Wert
Resonanzfrequenz f_{s1}	4,457 kHz	Resonanzfrequenz f_{p1}	4,954 kHz
Spannung U_A bei $f=f_{s1}$	0,0318 V	Spannung U_A bei $f=f_{p1}$	0,722 V
Phasenwinkel Θ bei $f=f_{s1}$	25°	Phasenwinkel Θ bei $f=f_{p1}$	10°
Gesamtkapazität C bei $f=1$ kHz	17,4 nF	Temperatur T	25 °C

$$\frac{C_1}{C_0} = \left(\frac{f_{p1}}{f_{s1}}\right)^2 - 1 \tag{8.22}$$

Die Gesamtkapazität C entspricht bei NF der Summe von Serien- und Parallelkapazität siehe Gl. 8.23.

$$C = C_1 + C_0 \tag{8.23}$$

Man erhält $C_1 = 0{,}23545 \cdot C_0$. Daraus folgen $C_0 = 14{,}08$ nF und $C_1 = 3{,}32$ nF.
Mit Gl. 8.24 gelangt man zur Serieninduktivität L_1.

$$L_1 = \frac{1}{C_1 \cdot (\omega_{s1})^2} \tag{8.24}$$

Die Berechnung ergibt $L_1 = 384{,}08$ mH.
Der Serienwiderstand R_1 geht aus dem Kehrwert vom Realteil des Leitwertes mit. Gl. 8.25 hervor.

$$R_1 = R_V \cdot \frac{U_{R1}}{U_E - U_{R1}} \cdot \frac{1}{cos\Theta} \tag{8.25}$$

Die Spannung U_{R1} entspricht dabei der Spannung U_A bei $f = f_{s1}$, siehe Tab. 8.8. Man erhält $R_1 = 362\ \Omega$.

AUFGABE

Mit der Schaltung nach Abb. 8.24 sind Betrag und Phase der Ausgangsspannung im Frequenzbereich $\Delta f = 0{,}1$ bis 10 kHz zu simulieren. ◄

Analyse AC Sweep/Noise, Linear, Start Frequency: 100 Hz, End Frequency: 10k, Total Points: 5k.

AUSWERTUNG
Die Simulation ergibt mit Abb. 8.25 eine gute Übereinstimmung mit den Messwerten der Resonanzfrequenzen, der Phasenwinkel und der Ausgangsspannung U_A bei $f = f_{s1}$. Eine bessere Annäherung von U_A bei $f = f_{p1}$ an den Messwert von Tab. 8.8 ergäbe sich bei einem kleineren Serienwiderstand R_1.

AUFGABE
Zur Demonstration des piezoelektrischen Summers mit externer Ansteuerung ist die Schaltung nach Abb. 8.26 zu analysieren. Die Frequenz des Rechteckgenerators wird mit Gl. 8.26 berechnet. Man erhält $f = 4{,}4$ kHz.

$$f = \frac{1{,}44}{(R_1 + 2 \cdot R_2) \cdot C_1} \tag{8.26}$$

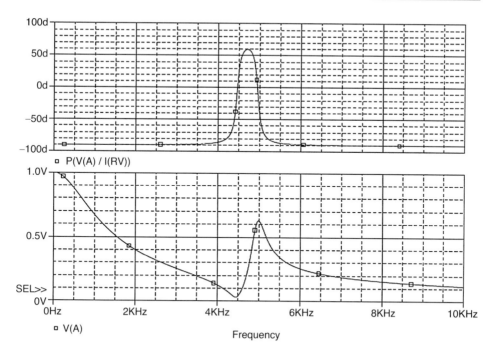

Abb. 8.25 Betrag und Phase der Ausgangsspannung

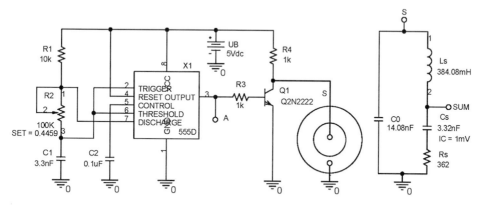

Abb. 8.26 Schaltung mit externer Ansteuerung des Summers

Analyse Time Domain (Transient), Run to time. 5 ms, Start saving data after: 0 s, Maximum step size: 10 μs.

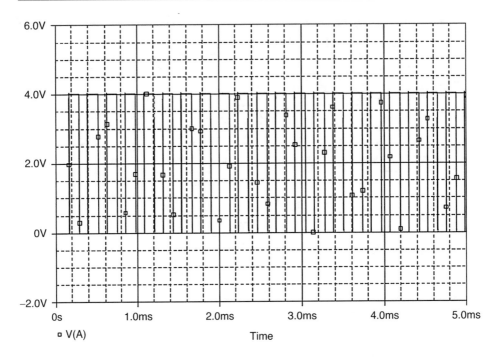

Abb. 8.27 Ausgangsspannung am Rechteckgenerator

ERGEBNIS

Die Abb. 8.27 zeigt die Rechteckschwingungen mit der berechneten Frequenz. Die externe Ansteuerung des Summers führt zu Sinusschwingungen mit der Schwingfrequenz $f = 4{,}4$ kHz.

8.5.2   Summer mit Selbstansteuerung

In Tab. 8.10 sind die Kenndaten eines piezoelektrischen Summers von EKULIT [8] zusammengestellt, der außer der Hauptelektrode M (MAIN) und dem Masseanschluss G (GROUND) noch eine Rückkopplungselektrode F (FEEDBACK) aufweist.

Tab. 8.10 Kenndaten des Summers EPZ-27MS44F nach [8]

Parameter	Wert	Abmessung	Wert
Frequenz f	4,4 kHz	Durchmesser D	27 mm
Impedanz R_1	300 Ω	Durchmesser d	20 mm
Kapazität C_M	21 nF	Dicke T	0,51 mm
Kapazität C_F	2,3 nF	Dicke t	0,28 mm
Betriebstemperatur T_B	−20 bis 70 °C	Lagertemperatur T_L	−30 bis 80 °C

Tab. 8.11 Messwerte des Summers EPZ-27MS44F

Parameter am Segment M	Wert	Parameter am Segment F	Wert
Resonanzfrequenz f_{sM}	4,439 kHz	Resonanzfrequenz f_{sF}	4,866 kHz
Spannung U_{sM} bei $f=f_{sM}$	0,0731 V	Spannung U_{sF} bei $f=f_{sF}$	0,6273 V
Phasenwinkel Θ_{sM} bei $f=f_{sM}$	−35,6 Grad	Phasenwinkel Θ_{sF} bei $f=f_{sF}$	−28 Grad
Resonanzfrequenz f_{pM}	4,931 kHz	Resonanzfrequenz f_{pF}	5,058 kHz
Spannung U_{pM} bei $f=f_{pM}$	0,4742 V	Spannung U_{pF} bei $f=f_{pF}$	0,814 V
Phasenwinkel Θ_{pM} bei $f=f_{pM}$	−25,7 Grad	Phasenwinkel Θ_{pF} bei $f=f_{pF}$	−30,9 Grad
Gesamtkapazität C_M bei $f=1$ kHz	19,84 nF	Gesamtkapazität C_F bei $f=1$ kHz	2,44 nF

Den Aufbau des selbstansteuernden Summers mit Haupt- und Rückkopplungssegment und die Messschaltung mit einer induktiven Kopplung zeigt Abb. 8.29.

Die Messwerte nach Tab. 8.11 wurden am jeweiligen Segment ausgeführt.

PARAMETEREXTRAKTION

Die Werte für die Elemente der induktiv gekoppelten Schwingkreise werden über die zuvor angegebenen Gleichungen ermittelt. Für das Segment M werden berechnet:

- der Quotient $C_{1M}/C_{0M}=0{,}233956$ nach Gl. 8.22
- die Gesamtkapazität $C_M=C_{1M}+C_{0M}=19{,}84$ nF nach Gl. 8.23
- die Parameter $C_{0M}=16{,}08$ **nF** und $C_{1M}=3{,}76$ **nF**
- die Induktivität $L_{1M}=341{,}89$ **mH** nach Gl. 8.24
- der Serienwiderstand $R_{1M}=970$ Ω nach Gl. 8.25

Für eine bessere Annäherung an die Messwerte der Frequenz f_{pM} und der Spannung U_{sM} wurde der Serienwiderstand auf $R_{1M}=500$ **Ω** verringert. Die obigen Elemente bilden den Schwingkreis des M-Segments nach Abb. 8.28.

Für das Segment F ist die Gesamtkapazität $C_F=C_{1F}+C_{0F}=2{,}44$ nF der Ausgangspunkt für die Ermittlung der Elemente. Die Kapazitätsanteile C_{1F} und C_{0F} sind in Verbindung mit L_{1F} und R_{1F} so aufzuteilen, dass die Messwerte der Resonanzfrequenzen, Spannungen und Phasenwinkel von Tab. 8.11 unter der Bedingung der induktiven Kopplung erreicht werden. Mit der experimentellen Aufteilung in $C_{1F}=0{,}94$ **nF** und $C_{0F}=1{,}5$ **nF** sowie mit den Elementen $L_{1F}=55$ **mH** und $R_{1F}=4$ **kΩ** wird dieses Ziel annähernd erfüllt. Die Simulationsergebnisse nach Tab. 8.12 zeigen für beide Segmente eine akzeptable Übereinstimmung mit den Messwerten nach Tab. 8.11, siehe hierzu auch die Abb. 8.29, 8.30.

Wird die Eingangswechselspannung gleichzeitig an die Segmente M und F angelegt, dann erreichen deren Simulationswerte gemäß Tab. 8.12 nahezu diejenigen von Segment M.

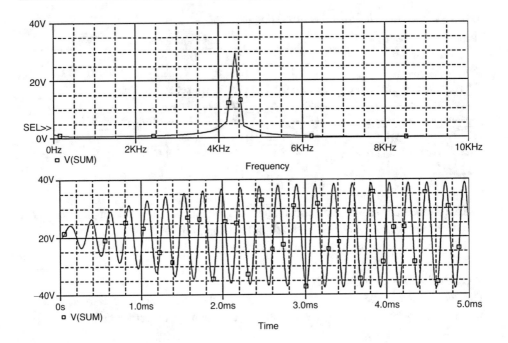

Abb. 8.28 Schwingungen nebst Schwingfrequenz des Summers

Tab. 8.12 Ergebnisse von Extraktion und Simulation am Summer EPZ-27MS44F

Segment M Elemente	Segment M Simulation	Segment F Elemente	Segment F Simulation	Segmente M+F Simulation
$L_{1M}=341{,}89$ mH	$f_{sM}=4{,}37$ kHz	$L_{1F}=55$ mH	$f_{sF}=4{,}79$ kHz	$f_{sMF}=4{,}34$ kHz
$C_{1M}=3{,}76$ nF	$U_{sM}=0{,}047$ V	$C_{1F}=0{,}94$ nF	$U_{sF}=0{,}680$ V	$U_{sMF}=0{,}041$ V
$R_{1M}=500$ Ω	$\Theta_{sM}=-22{,}50°$	$R_{1F}=4$ kΩ	$\Theta_{sF}=-31{,}22°$	$\Theta_{sMF}=-21{,}217°$
$C_{0M}=16{,}08$ nF	$f_{pM}=4{,}93$ kHz	$C_{0F}=1{,}5$ nF	$f_{pF}=5{,}07$ kHz	$f_{pMF}=4{,}9178$ kHz
$C_{M}=19{,}84$ nF	$U_{pM}=0{,}473$ V	$C_{F}=2{,}44$ nF	$U_{pF}=0{,}797$ V	$U_{pMF}=0{,}457$ V
$C_{M}/C_{F}=8{,}131$	$\Theta_{pM}=-22{,}54°$	$C_{F}/C_{M}=0{,}123$	$\Theta_{pF}=-31{,}71°$	$\Theta_{pMF}=-21{,}747°$

AUFGABE

Für die Schaltung nach Abb. 8.29 sind die Frequenzverläufe der Ausgangsspannungen für die Segmente M und F nach Betrag und Phase im Bereich $\Delta f = 3$ bis 6 kHz zu analysieren. ◄

Analyse AC Sweep/Noise, Linear, Start Frequency: 3 kHz, End Frequency: 6 kHz, Total Points: 10k.

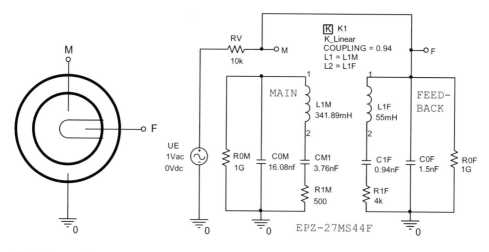

Abb. 8.29 Aufbau und Messschaltung des Summers für Selbstansteuerung

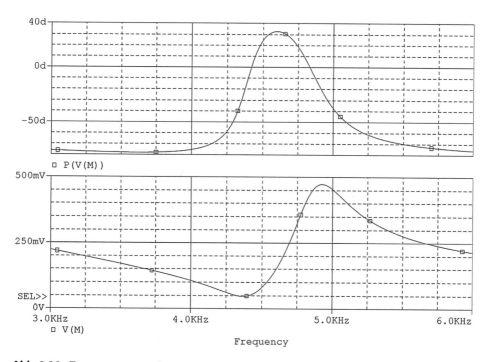

Abb. 8.30 Frequenzgang von Betrag und Phase der Spannung am Knoten M

Die Frequenzgänge von Betrag und Phasenwinkel der Ausgangswechselspannungen zeigen die Abb. 8.30, 8.31. Für das Segment F tritt dabei gegenüber dem Segment M bei der Serienresonanzfrequenz eine deutlich höhere Amplitude der Spannung auf.

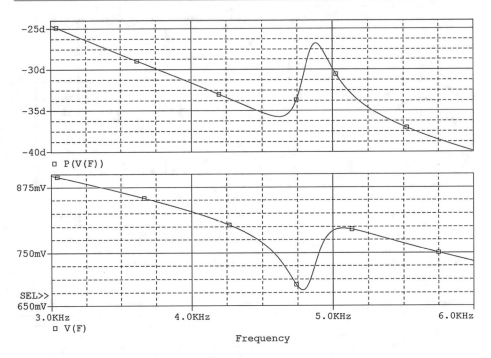

Abb. 8.31 Frequenzgang von Betrag und Phase der Spannung am Knoten F

AUFGABE

Mit den Schaltungen nach Abb. 8.32 werden zwei Modelle eines selbstansteuernden Summers erprobt. Zum Einen wird das Modell nach Abb. 8.29 mit den beiden induktiv gekoppelten Schwingkreisen verwendet und zum Anderen wird eine vereinfachte Variante mit angezapfter Induktivität nach dem Prinzip des Hartley-Oszillators ohne das Koppelelement K_Linear angeboten. Den Kapazitäten C_{1M}, C_{1F} und C_{11M} wird eine Anfangsbedingung IC=0,1 V (Initial Condition) erteilt. Es ist eine Transienten-Analyse im Zeitbereich $\Delta t = 0$ bis 4 ms auszuführen. ◄

Analyse Time Domain (Transient), Run to time: 4 ms, Start saving data after: 0 s, Maximum step size: 1 µs.

Im Analyseergebnis nach Abb. 8.33 weisen die Schwingungsamplituden des Segments M bei gleicher Resonanzfrequenz $f_0 = 4{,}25$ kHz höhere Werte gegenüber den Amplituden des Segments F auf. In Verbindung mit der Kapazität C_F lassen sich gleiche Amplituden bei gleicher Frequenz erreichen, siehe Abb. 8.34.

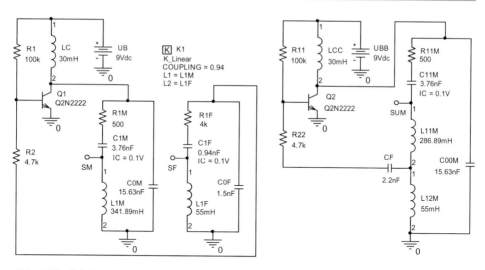

Abb. 8.32 Schaltungsvarianten mit selbstansteuerndem Summer EPZ-27MS44F

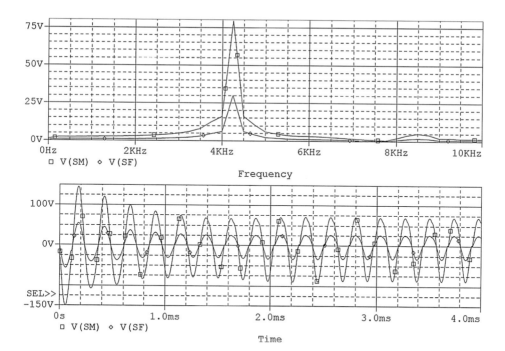

Abb. 8.33 Schwingungsverläufe an den Knoten SM und SF

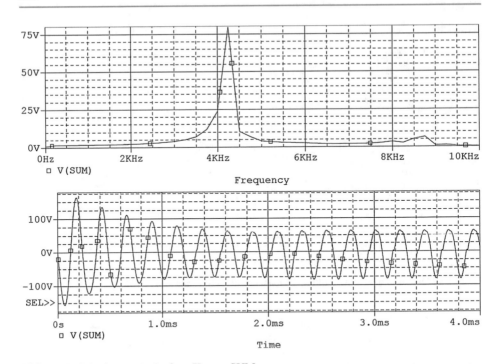

Abb. 8.34 Schwingungsverlauf am Knoten SUM

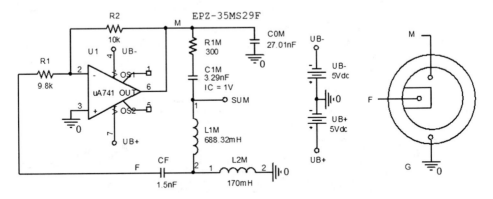

Abb. 8.35 Schaltung mit selbstansteuerndem Summer EPZ-35MS 29 F

AUFGABE

Zu analysieren ist die Oszillatorschaltung nach Abb. 8.35. Für den Summer mit Selbstansteuerung vom Typ EPZ-35MS29F wird das Modell mit einer Anzapfung der Induktivität nach Abb. 8.32 verwendet. Der Induktivitätsanteil L_{2M} liegt bei knapp 20 % der Gesamtinduktivität $L_M = L_{1M} + L_{2M}$. Zu ermitteln ist die Schwingfähigkeit und die Höhe der Resonanzfrequenz.

Parameterextraktion
Aus Gl. 8.24 folgt mit den Schaltelementen nach Abb. 8.35 die Beziehung: $(\omega_{s1})^2 = 1/(L_M \cdot C_{1M})$. Daraus ergibt sich die Serienresonanzfrequenz $f_{s1} = 2,995$ kHz.

Analyse Time Domain (Transient), Run to time: 20 ms, Start saving data after: 10 ms, Maximum step size: 1us.

AUSWERTUNG
Das Analyse-Ergebnis nach Abb. 8.36 zeigt die Sinusschwingungen des Summers mit der Oszillationsfrequenz $f_{s1} \approx 3$ kHz. Die Amplitudenbedingung zur Schwingung wird mit der Spannungsverstärkung $|v_u| = R_2/R_1 >/\approx 1$ und die Phasenbedingung mit der gegebenen Phasenverschiebung von 180° zwischen Eingang und Ausgang erfüllt. Die Anfangsbedingung IC = 1 V an der Kapazität C_{1M} ermöglicht das Einsetzen der Schwingungen.

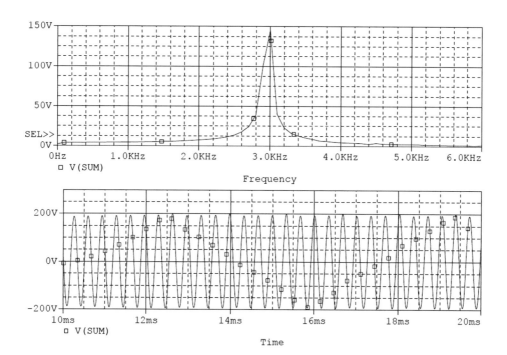

Abb. 8.36 Schwingungsverlauf und Schwingfrequenz am Knoten SUM

8.6   Ultraschallwandler

8.6.1 Kenndaten

DATENBLATT

Ultraschallwandler werden als Transmitter (Sender) und Receiver (Empfänger) für einen großen Frequenzbereich angeboten. Im Folgenden werden US-Wandlern für die Frequenz $f=25$ kHz aus der Kombination 250ST/R160 von Pro Wave Electronics Corporation [9] analysiert. In Tab. 8.13 sind Kenndaten dieser beiden Typen zusammengestellt.

PARAMETEREXTRAKTION

Mit den Gl. 8.27 bis 8.30 und den Daten nach Tab. 8.14 werden die Schwingkreis-Parameter der beiden US-Wandler extrahiert.

$$C_1 = \left[\left(\frac{f_p}{f_s} \right)^2 - 1 \right] \cdot C_0 \qquad (8.27)$$

$$C = C_1 + C_0 \qquad (8.28)$$

$$L_1 = \frac{1}{C_1 \cdot \left(\omega_s \right)^2} \qquad (8.29)$$

Tab. 8.13 Kenndaten der US-Wandler 250ST160 und 250SR160 nach [9]

Parameter	Wert	Parameter	Wert
Mittenfrequenz	25,0 ± 1 kHz	Kapazität bei 1 kHz	2400 pF
Bandbreite (−6 dB)	2,0 kHz	Max. Steuerspannung	20 V_{eff}
Übertragungs- Schalldruckpegel 0 dB = 0,0002 µbar/10 V_{eff} bei 30 cm	112 dB min	Empfänger-Empfindlichkeit 0 dB = 1 V/µbar	−62 dB min

Tab. 8.14 Ausgangsdaten zur Parameterextraktion nach [9]

Parameter	Transmitter 250ST160	Receiver 250SR160
Kapazität $C \pm 20$ % bei $f=1$ kHz	3000 pF	2600 pF
Serien-Resonanzfrequenz f_s	25,4 kHz	24,0 kHz
Parallel-Resonanzfrequenz f_p	27,0 kHz	25,3 kHz
Betrag der Impedanz Z bei $f=f_s$	620 Ω	620 Ω
Betrag der Impedanz Z bei $f=f_p$	8800 Ω	7500 Ω
Phasenwinkel Θ von Z bei $f=f_s$	−30°	−30°
Phasenwinkel Θ von Z bei $f=f_p$	−30°	−30°

Tab. 8.15 Extrahierte Parameter von Ultraschallwandlern

US-Wandler-Parameter	Transmitter 250ST160	Receiver 250SR160
Gesamtkapazität C	3000 pF	2800 pF
Parallelkapazität C_0	2655 pF	2158 pF
Serienkapazität C_1	345 pF	242 pF
Serieninduktivität L_1	113,80 mH	169,14 mH
Serienwiderstand R_1	716 Ω	716 Ω

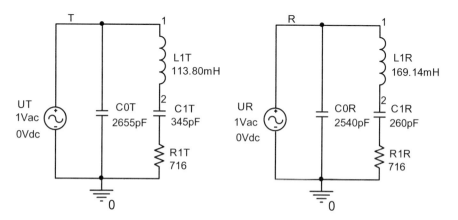

Abb. 8.37 Schaltungen zur Analyse der Frequenzabhängigkeit der Impedanz

$$R_1 = \frac{|Z|}{\cos \Theta} \tag{8.30}$$

Die Tab. 8.15 zeigt diejenigen Daten, aus denen die Schwingkreiselemente ermittelt werden. Diese Kennwerte entstammen den im Datenblatt des Herstellers angegebenen Kennlinien.

ERGEBNIS

Das Ergebnis der Parameterextraktion wird in Tab. 8.15 sowie in Abb. 8.37 ausgewiesen. Beim Receiver wurde die Gesamtkapazität auf $C = 2800$ pF erhöht, um die Kennlinienwerte zu erreichen.

An die US-Wandler wird eine Wechselspannung angelegt, um Impedanz-Messungen vornehmen zu können.

AUFGABE

Mit den Schaltungen nach Abb. 8.37. sind im Frequenzbereich $\Delta f = 20$ bis 30 kHz Analysen zur Frequenzabhängigkeit von Betrag und Phase der Impedanz vorzunehmen. ◀

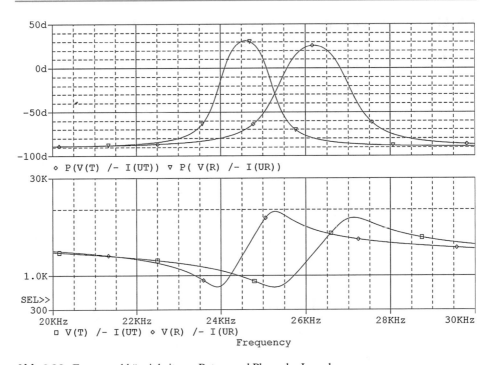

Abb. 8.38 Frequenzabhängigkeit von Betrag und Phase der Impedanz

Analyse AC Sweep/Noise, Linear, Start Frequency: 20 kHz, End frequency: 30 kHz, Total Points: 5k.

Die simulierten Kennlinien nach Abb. 8.38. entsprechen weitgehend den Datenblattangaben des Herstellers.

8.6.2 Ultraschall-Sender und – Empfänger

Mit der Schaltung nach Abb. 8.39 kann das Übertragungsverhalten von einem US-Sender auf einen US-Empfänger analysiert werden. Ausgangspunkt einer Berechnung nach Angaben von sind die Daten von Tab. 8.8. 8.13:

- Schalldruckpegel (Transmitting Sound Pressure Level, SPL) $SPL = 112$ dB bei $f = 25$ kHz
- Standard-Transmitter-Spannung $U(T_s) = 10$ V_{eff}
- Standardlänge $L_s = 30$ cm
- Empfindlichkeit (Receiving Sensitivity, S) $S = -62$ dB
- Variable Länge L zwischen Sender und Empfänger, im Beispiel ist $L = 60$ cm.

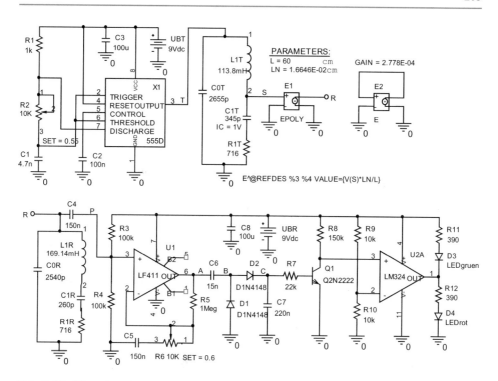

Abb. 8.39 Ultraschall-Sender und Ultraschall-Empfänger

Berechnung

Man erhält

1. die Verringerung von *SPL* bezüglich $U(T)$: $20 \cdot \log(U(T)) = 20 \cdot \log(6{,}58 \; V_{eff}/10 \; V_{eff}) = -3{,}64 \; dB$, $U(T) = 6{,}58 \; V_{eff}$ wurde an einem hochohmigen Widerstand simulationsmäßig ermittelt

2. die Verringerung von *SPL* bezüglich der Länge L: $20 \cdot \log(Ls/L) = 20 \cdot \log(30 \; cm/60 \; cm) = -6{,}02 \; dB$

3. die Verringerung von *SPL* wegen Absorption in Luft: $-0{,}1886 \; dB/m \cdot L = -1886/m \cdot 0{,}6 \; m = -0{,}11 \; dB$

4. das Ergebnis für den Sender: $SPL = 112 \; dB - 9{,}77 \; dB = 102{,}23 \; dB$, $10^{SPL/20} = 10^{5,1115} = 129.271$

5. die Umwandlung von *SPL* in μbar: $X = 10^{SPL/20} \cdot 0{,}0002 \; μbar = 129.271 \cdot 0{,}0002 \; μbar = 25{,}85 \; μbar$

6. die Empfindlichkeit $S = -62 \; dB = 20 \cdot \log(Y/1 \; V/μbar)$, $Y = 10^{S/20} = 10^{-3,1} = -0{,}794328 \; mV_{eff}/μbar$

7. das Ergebnis für den Empfänger: $U(R) = X \cdot Y = 25{,}85 \; μbar \cdot 0{,}794328 \; mV_{eff}/μbar = 20{,}53 \; mVeff$.

ÜBERTRAGUNG

Mit dem Parameter GAIN $= U(R)/U(S) = 2{,}779 \cdot 10^{-4}$ einer spannungsgesteuerten Spannungs-quelle E erreicht man $U(R) = 20{,}57$ mV$_{\text{eff}}$.

Die Spannung des Summers beträgt dann $U(S) = 74$ Veff. In Abb. 8.35 sind Ein- und Aus-gang der E-Quelle aus Simulationsgründen noch miteinander verbunden. Angeschlossen ist eine Spannungsquelle EPOLY, bei der man mit dem Ansatz VALUE $= U(R) = U(S) \cdot L_N/L$, zumindest im Bereich zwischen der Standardlänge.

$L_s = 30$ cm und $L = 60$ cm auch andere Längen L vorgeben kann.

Es ist $L_N = U(R) \cdot L/U(S) = 20{,}53$ mV$_{\text{eff}} \cdot 60$ cm/74 V$_{\text{eff}} = 1{,}6646 \cdot 10^{-2}$ cm.

Für die Standardlänge $L_s = 30$ cm berechnet man die Spannung am Receiver mit.

$U(R) = 41{,}066$ mVeff.

AUFGABE

Für die Schaltung nach Abb. 8.35 sind folgende Abhängigkeiten für $L = 60$ cm zu si-mulieren:

- Die Spannung $U(S)$ im Zeitbereich von 0 bis 1,5 ms
- Die Effektivspannung von $U(R)$ im Zeitbereich von 0 bis 15 ms für $L = 30$ und 50 cm
- Die Ausgangsspannung am OP-Ausgang des Receivers im Zeitbereich von 0 bis 1 ms.
- Die Ströme der LED D$_3$ und D$_4$ im Zeitbereich von 0 bis 5 ms. ◀

Analyse Time Domain (Transient, Run to time: 1,5 ms, Start saving data after: 0 s, Ma-ximum step size: 10 µs, Plot, Axis Settings, Fourier, Trace, Add Trace: V(S), Plot, Axis Settings, User defined: 0 to 50 kHz.

Im Analyse-Ergebnis nach Abb. 8.40. erscheinen die Sinusschwingungen am Knoten S des US-Wandlers. Die Schwingfrequenz beträgt $f_0 = 25{,}0$ kHz.

Analyse Time Domain (Transient), Run to time: 10 ms, Start saving data after: 0 s, Ma-ximum step size: 10 µs, Parametric Sweep, Global Parameter, Parameter Name: L, value list: 30, 60.

In Abb. 8.41 erreicht die Receiver-Spannung nach dem Einschwingen bei der Abstands-länge $L = 60$ cm den zuvor berechneten Effektivwert. Für $L = 30$ cm ergeben sich wegen höherer $U(S)$-Werte kleinere Abweichungen.

Analyse Domain (Transient), Run to time: 1 ms, Start saving data after: 0 s, Maximum step size: 10 µs.

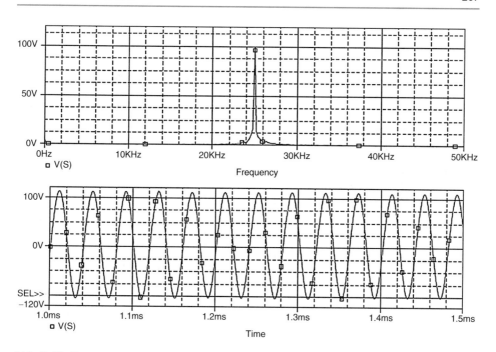

Abb. 8.40 Spannungsverlauf nebst Schwingfrequenz am Abgriff S

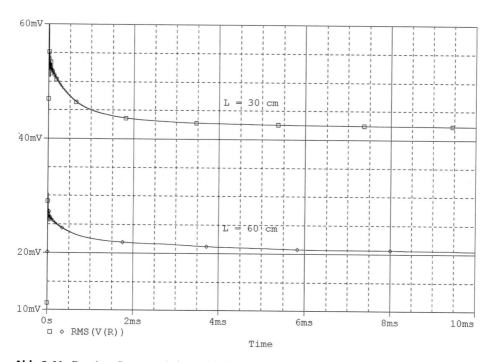

Abb. 8.41 Receiver-Spannung bei verschiedenen Abstandslängen

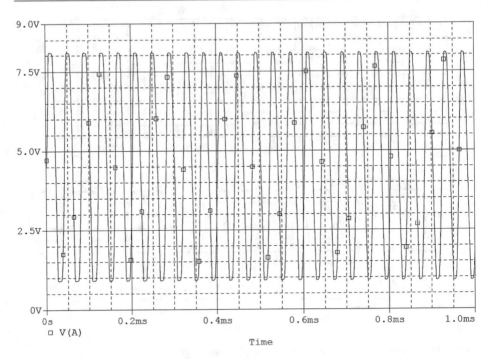

Abb. 8.42 Ausgangsspannung am OP-Ausgang

Die am P-Eingang des Operationsverstärkers anliegende Eingangsspannung wird beträchtlich verstärkt, siehe Abb. 8.42 Über die Dioden-Baugruppe mit D_1 und D_2 erfolgt die
Gleichrichtung. Im Ergebnis ist $U(C) = 5,54$ V.

Analyse Domain (Transient), Run to time: 1.5 ms, Start saving data after: 0 s, Maximum
step size: 10 µs.

Die Abb. 8.43 zeigt, dass die grün leuchtende Diode D_3 aktiv ist, wenn die Übertragung
vom US-Sender zum – Empfänger stattfindet und eine ausreichende Verstärkung gegeben
ist. Der Transistor Q_1 schaltet ein, die Spannung an seinem Ausgang beträgt dann nur we-
nige Milli-Volt. Da die Spannung am N-Eingang des Komparators größer als seinem
P-Eingang ist, gerät sein Ausgang auf LOW. Bei Unterbrechung der Übertragung oder
einem Ausfall der Sender-Betriebsspannung wird die rot leuchtende Diode D_4 aktiv.

8.6.3   Ermittlung von Bandbreiten

Die Schaltung mit der Eingangsspannung U_E in Abb. 8.44 wird zunächst dazu eingesetzt,
um aus der Frequenzabhängigkeit des Betrages der Impedanz Z die 3-dB-Bandbreite zu
ermitteln.

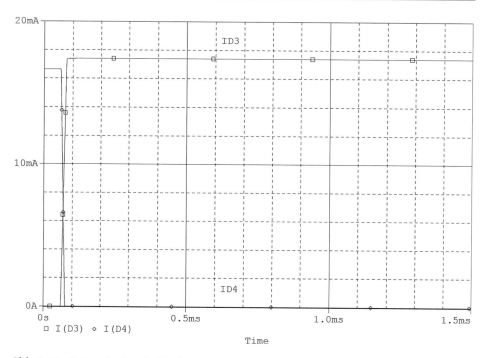

Abb. 8.43 Ströme der Leucht-Dioden

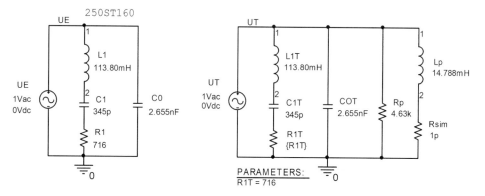

Abb. 8.44 Schaltungen zur Ermittlung der Bandbreiten

AUFGABE

Die Frequenzabhängigkeit von |Z| ist im Bereich $\Delta f = 25$ bis 30 kHz darzustellen. Die Bandbreite ist zu erfassen und zu kennzeichnen.

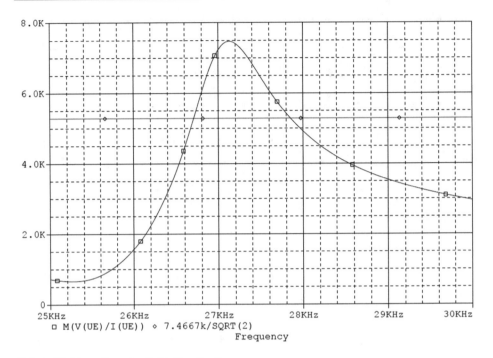

Abb. 8.45 Darstellung der 3 dB- Bandbreite

Analyse AC Sweep/Noise, Linear, Start Frequency: 25 kHz, End Frequency: 30 kHz, Total Points: 5k.

Das Analyse-Ergebnis nach Abb. 8.45 zeigt $|Z| = 7,467$ kΩ bei der Parallel-Resonanzfrequenz $f_p = 27,14$ kHz. Aus $|Z|/\sqrt{2}$ folgt $(\Delta f_p)3$ dB $= 1,15$ kHz.

AUFGABE

Um beispielsweise für die Aufnahme von Ultraschall-Tierlauten eine größere Bandbreite zu erhalten, kann eine Parallel- oder Serienabstimmung des US-Wandlers vorgenommen werden [11]. Die Abb. 8.44 zeigt die Ersatzschaltung des Transmitters 250ST160 mit der Erweiterung um eine parallele Induktivität L_p und einen Parallelwiderstand R_p. Mit der Berechnung von L_p nach Gl. 8.31 nach [11] erreicht man, dass die Kreisfrequenz $\omega_s = \omega_{par} = 1/(L_p \cdot C_{OT})$ wird.

$$L_P = \frac{1}{\omega_s^2 \cdot C_{OT}} \tag{8.31}$$

Der Widerstand R_{sim} ist aus Simulationsgründen erforderlich.

Der Parallelwiderstand R_p kann nach [11] mit Gl. 8.32 abgeschätzt werden.

$$R_p = \frac{Q}{\omega_s \cdot C_{OT}} \tag{8.32}$$

Dabei ist Q die Güte nach [11] gemäß Gl. 8.33.

$$Q = \sqrt{C_{0T} / (2 \cdot C_{1T})} \tag{8.33}$$

Parameterextraktion

Für den betrachteten Wandler 250ST160 erhält man $L_p = 14{,}788$ mH, $Q = 1{,}96$ und $R_p = 4{,}63$ kΩ.

Der Betrag der Impedanz ist im Bereich $\Delta_f = 16$ bis 36 kHz zu analysieren. Dabei ist eine Variation des Serienwiderstandes R_{1T} mit den Werten 716 Ω, 4,7 kΩ und 12,6 kΩ vorzunehmen.

Analyse AC Sweep/Noise, Linear, Start Frequency: 16 kHz, End Frequency: 37 kHz, Total Points: 5k, Parametric sweep, Global Parameter, Parameter Name: R1T, value list: 716, 4.7k, 12.6k.

Die Abb. 8.46 zeigt, dass mit den parallelen Elementen L_p und R_p für den Widerstand $R_{1T} = 716$ Ω zwei Höcker mit einer Bandbreite $B = 9{,}78$ kHz erscheinen. Diese Kennlinie gilt für den akustisch unbelasteten Zustand [11]. Eine Glättung der Impedanz kann formal durch eine Erhöhung des Serienwiderstandes R_{1T} erreicht werden. Den weitgehend ebenen Übergang erzielt man mit $R_{1T} = 12{,}6$ kΩ für eine starke akustische Belastung.

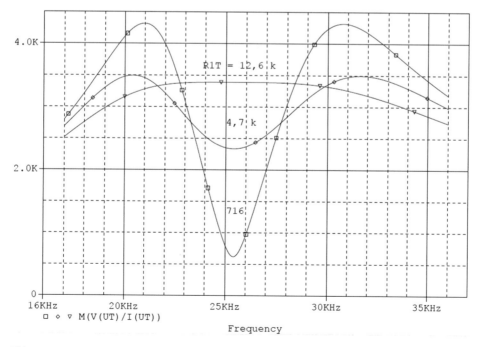

Abb. 8.46 Darstellung von Bandbreiten bei Parallelabstimmungen

8.7 Chemische Sensoren

8.7.1 Metalloxid-Gassensor

Die Abb. 8.47 zeigt den prinzipiellen Aufbau und eine Testschaltung des Gassensors TGS 813 von FIGARO [12]. Ein Keramik-Röhrchen ist mit einer dünnen Zinnoxidschicht überzogen. Der Heizdraht sorgt für die erforderliche Betriebstemperatur. Treffen reduzierende Gase wie Kohlenmonoxid CO, Methan CH_4 oder Wasserstoff H_2 auf die SnO_2-Schicht, dann führen freigesetzte Leitungselektronen zu einer Widerstandsabnahme. Der Sensor-Widerstand R_s wird zwischen den Elektroden gemessen und ist ein Maß für die Gaskonzentration.

Als Bezugswiderstand R_0 wird in [12] derjenige Widerstand angegeben, der für Methan bei der Konzentration $c = 1000$ ppm, der Temperatur $T = 20\ °C$ und der relativen Feuchte $F_r = 65\ \%$ auftritt.

Wird in der Schaltung nach Abb. 8.47 für die genannten Parameter beispielsweise eine Spannung $U_{RL} = 3,33$ V gemessen, dann folgt aus Gl. 8.34 der Wert $R_s = R_0 = 8$ kΩ. Der Hersteller gibt die Streuwerte mit $R_s = 5$ kΩ bis 15 kΩ bei 1000 ppm an.

$$R_s = \left(\frac{U_B}{U_{RL}} - 1 \right) \cdot R_L \qquad (8.34)$$

Die Kennlinien $R_s/R_0 = f(c)$ des Sensors TGS 813 können mit Gl. 8.35 beschrieben werden.

$$\frac{R_s}{R_0} = K \cdot c^{-n} \qquad (8.35)$$

Parameterextraktion
Der Exponent n und der Faktor K lassen sich nach [13] mit den Gl. 8.36 und 8.37 berechnen.

$$n = \frac{lg\left(\frac{R_{s1000}/R_0}{R_{s3000}/R_0} \right)}{lg\left(\frac{c_{3000}}{c_{1000}} \right)} \qquad (8.36)$$

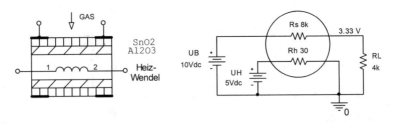

Abb. 8.47 Aufbau und Testschaltung des Gassensors

Tab. 8.16 Extrahierte Gas-Parameter zum Sensor TGS 813

Parameter	Luft	Kohlenmonoxid	Methan	Propan	Isobutan	Wasserstoff
n	0	0,2314	0,4648	0,4648	0,4648	0,4648
k	4,95	16,850	24,797	19,556	18,379	14,374

$$K = \frac{R_{s1000}}{R_0} \cdot c_{1000}^{n} \tag{8.37}$$

In Tab. 8.16 sind die Parameterwerte verschiedener Gase zusammengestellt.

AUFGABE

Mit der Schaltung nach Abb. 8.48 sind die Gas-Kennlinien $R_s/R_0 = \mathrm{f}(c)$ im Bereich $\Delta c = 500$ bis 10.000 ppm zu simulieren. Ferner ist für diesen Bereich der Verlauf des Widerstandes $R_s = \mathrm{f}(c)$ für die Gase Kohlenmonoxid, Methan und Wasserstoff für $R_0 = 8$ kΩ darzustellen.

Analyse DC Sweep, Sweep variable: Global Parameter, Parameter Name: c, Sweep type: Logarithmic Decade, Start value: 500, End value: 10k, Points/Decade: 100.

Die simulierten Kennlinien nach Abb. 8.49 entsprechen den Angaben des Datenblatts. Die starke Abnahme des jeweiligen Sensorwiderstandes bei steigender Gas-Konzentration gemäß Abb. 8.50 kann beispielsweise in Komparator-Schaltungen ausgewertet werden, um einen Alarm bei Grenzwert-Überschreitungen auszulösen.

8.7.2 Katalytischer Gassensor

Der katalytische Gassensor (Pellistor, Wärmetönungssensor) dient zum Nachweis brennbarer Gase wie Methan, Kohlenmonoxid oder Wasserstoff bereits unterhalb der unteren Explosionsgrenze (UEG).

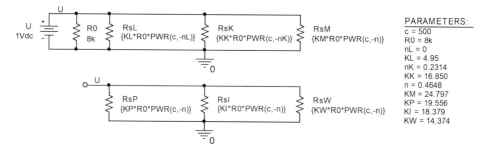

Abb. 8.48 Schaltung zur Abhängigkeit des Quotienten R_s/R_0 von der Gaskonzentration

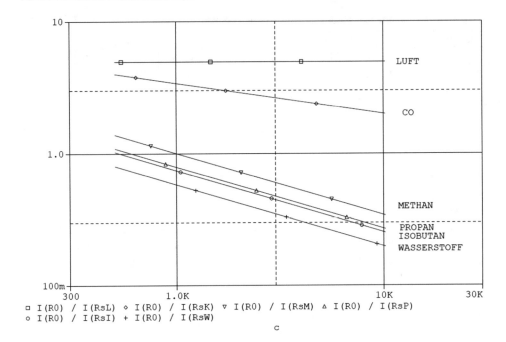

Abb. 8.49 Simulierte Abhängigkeit des Quotienten R_s/R_0 von der Gaskonzentration in ppm

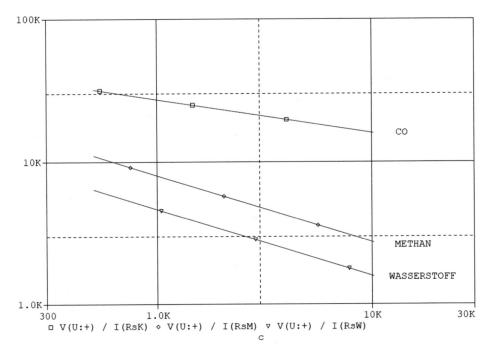

Abb. 8.50 Simulierte Abhängigkeit des Sensorwiderstandes von der Gaskonzentration

In der als Detektor dienenden Keramik-Pille ist eine Platin-Wendel eingebettet, die auf die Betriebstemperatur von beispielsweise 500 °C aufgeheizt wird. Diese Pille ist mit einer katalytisch wirksamen Schicht überzogen. Bei der katalytischen Reaktion erhöht sich die Temperatur, womit der elektrische Widerstand der Platin-Wendel ansteigt. Bei der als Kompensator verwendeten Keramik-Pille fehlt eine derartige Schicht, sodass der katalytisch bedingte Temperaturanstieg ausbleibt. Die Widerstandsdifferenz von Detektor- und Kompensator-Pille wird in der Wheatstone-Brücke als ein Maß für die Gaskonzentration ausgewertet.

Beide Keramik-Pillen sind in einer gemeinsamen Kammer untergebracht. Das Gas-Luft-Gemisch wird über eine poröse Sinterscheibe zugeführt, siehe Abb. 8.51.

Die Tab. 8.17 zeigt einige technische Daten des Gassensors NAP-55 A von NEMOTO [14].

Die Platin-Widerstände R_D und R_{K0} werden wie folgt modelliert:

.model RPt RES R = 1 TC1 = 3,908 m TC2 = −0,5082 u Tnom = 0.

AUFGABE

Es ist die Temperaturabhängigkeit der Widerstände R_D und R_{K0} im Bereich von 0 bis 500 °C zu analysieren. Bei der Temperatur von 0 °C gelte der Ansatz $R_D = R_{K0} = 2,7\ \Omega$ nach [13].

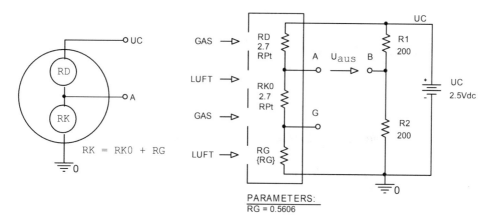

Abb. 8.51 Aufbau und Brückenschaltung des katalytischen Gassensors

Tab. 8.17 Parameter des Gassensors NAP-55 A

Brückenspannung	$2,5\ V \pm 0,2\ V$
Betriebsstrom	$170\ mA \pm 10\ mA$
Signal-Empfindlichkeit für Methan	37 bis 53 mV für 1 % CH_4 (20 % UEG)
Signal-Empfindlichkeit für ISO-Butan	23 bis 36 mV für 0,36 % ISO-C_4H_{10} (20 % UEG)

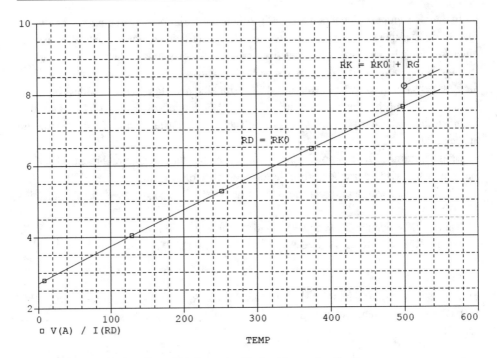

Abb. 8.52 Katalytisch bedingte Erhöhung des Platinwiderstandes R_{K0}

Analyse DC Sweep, Sweep variable: Temperature, Sweep type: Linear, Start value: 0, End value: 550, Increment: 1, Options: Parametric Sweep, Sweep variable. Global Parameter, Parameter Name: RG, Sweep type: Value list: 1n, 0,3596, 0,5606.

AUSWERTUNG

Aus Tab. 8.17 folgen die geometrischen Mittelwerte der Signal-Empfindlichkeit mit Abb. 8.52:

U_{aus} = 44,28 mV für 1 % Methan und U_{aus} = 28,77 mV für 0,36 % ISO-Butan. Diese Werte werden bei 500 °C mit R_G = 0,5606 Ω für Methan und mit R_G = 0,3596 Ω für ISO-Butan erreicht. Bei R_G = 1 nA ≈ 0 ist U_{aus} = 0, siehe Abb. 8.53. (Bei SPICE darf ein Widerstand den Wert null nicht annehmen).

Die Ströme wurden bei 500 °C wie folgt analysiert: $I(R_D)$ = 163,768 mA bei R_G = 1nA ≈ 0 (kein Gaseinfluss).Hieraus folgen $R_D = R_K = (U_C - U_A)/I(R_D)$ = 7,633 Ω.

Signal-Empfindlichkeit als Funktion der Gaskonzentration

AUFGABE

Es sind die Ausgangsspannungen $U_{aus} = U_A - U_B$ als Funktion der Gaskonzentration im Bereich c = 0 bis 1 % für ISO-Butan und Methan zu analysieren.

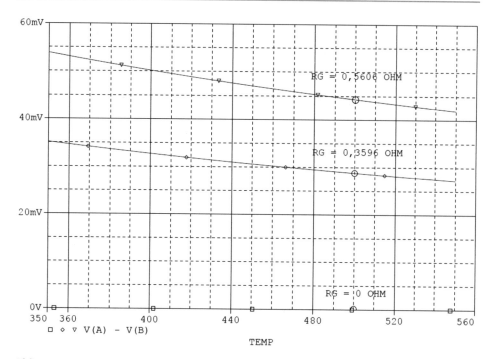

Abb. 8.53 Signalempfindlichkeit bei 500 °C für Methan und ISO-Butan

Abb. 8.54 Brückenschaltung
mit Werten für 500 °C

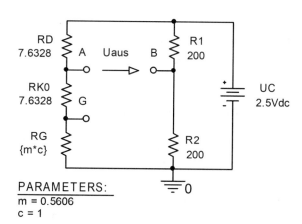

Analyse DC Sweep, Sweep variable: Global Parameter, Parameter Name: c, Sweep type:
Linear, Start value: 1n, Sweep type: Linear, Start value: 1n, End value: 1, Increment:
0,1 m, siehe Abb. 8.54 und 8.55.

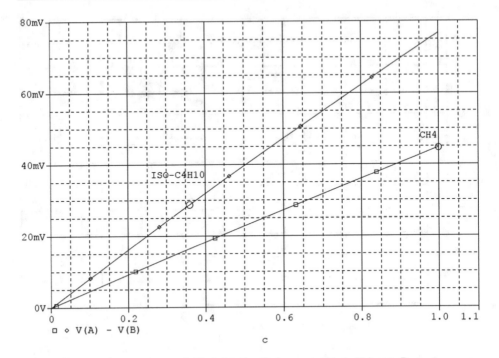

Abb. 8.55 Ausgangsspannungen als Funktion der Gaskonzentration in Volumen-Prozent

AUSWERTUNG
Die simulierten Kennlinien erreichen bei 0,36 % ISO-Butan den geometrischen Mittelwert $U_{aus} = 28,77$ mV und bei 1 % Methan denjenigen von $U_{aus} = 44,28$ mV.

8.7.3   Wärmeleitungs-Gassensor

Wärmeleitungs-Gassensoren beruhen darauf, dass ein erhitzter Sensor-Platindraht in einer gasdurchströmten Kammer eine niedrigere Temperatur annimmt als ein erhitzter Referenz-Platindraht in einer mit Luft gefüllten Kammer, siehe Abb. 8.56. Die bessere Wärmeleit-fähigkeit eines Methan- Luftgemisches gegenüber Luft bewirkt eine höhere Wärmeabgabe an die Kammerwände. Höhere Gaskonzentrationen führen zu niedrigeren Temperaturen und damit zu kleineren Werten des Sensorwiderstandes R_S gegenüber dem Referenzwider-stand R_R.

Brückenschaltung
Die Widerstandsdifferenz wird in einer Wheatstone-Brücke ausgewertet. Die Ausgangs-spannung U_A dient somit als ein Maß für die Gaskonzentration.

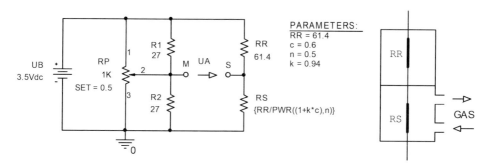

Abb. 8.56 Brückenschaltung bei 3,5 V mit Wärmeleitungs-Gassensor

Tab. 8.18 Parameter des Gassensors VQ31 nach [15]

Betriebsspannung	Leistungsverbrauch	Abhängigkeit Methan/Luft
3,5 V	0,35 W bei 3,5 V	2,5 mV/% bei 3,5 V
2,0 V	0,28 V bei 2,0 V	1,0 mV/% bei 2,0 V

Tab. 8.19 Angaben aus den Kennlinien des Gassensors VQ31 nach [15]

Methan in % Vol	0	20	40	60	80	100
U_A in mV bei U_B=3,5 V	0	80	142	195	237	278
U_A in mV bei U_B=2,0 V	0	30	57	79	97	111

Die Tab. 8.18 zeigt einige elektrische Parameter des Wärmeleitungs-Gassensors VQ31 von SGX SENSORTECH [15] und in Tab. 8.19 sind Angaben aus den im Datenblatt angegebenen Kennlinien zur Abhängigkeit der Ausgangsspannung von der Methangaskonzentration bei den Betriebsspannungen U_B=3,5 V und 2,0 V aufgeführt.

Parameterextraktion für U_B=3,5 V

Aus der Arbeitspunktanalyse der Schaltung nach Abb. 8.56 folgt, dass die Werte $I(U_B)=100$ mA und $P=I(U_B)*V(U_B:+)=0.35$ W nach Tab. 3.18 für $R_R+R_S=110,48\ \Omega$ erreicht werden.

Die Ausgangsspannung der Brücke wird mit Gl. 8.38 berechnet [16].

$$U_A = U_M - U_S = U_B \cdot \frac{R_2 \cdot R_R - R_1 \cdot R_S}{(R_1 + R_2) \cdot (R_R + R_S)} \tag{8.38}$$

Für die Methan-Konzentration c=60 % Vol. folgt aus Tab. 8.19 der Wert U_A=195 mV bei U_B=3,5 V. Mit diesem Wert geht aus Gl. 8.38 die Differenz der Widerstände mit $R_R - R_S$=12,31 Ω hervor.

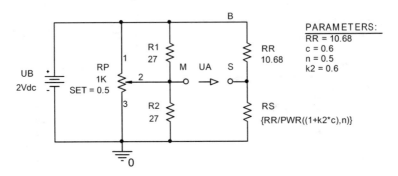

Abb. 8.57 Brückenschaltung bei 2 V

Aus der Summe und der Differenz der Widerstände berechnet man: $R_R=61{,}40\ \Omega$ und $R_S=49{,}085\ \Omega$.

Ist der Referenzwiderstand R_R in Näherung konstant, dann erhält man die nicht lineare Datenblattkennlinie $U_A=f(c)$ mit dem Sensorwiderstand R_S nach Gl. 8.39 mit dem Faktor $k=0.94$.

$$R_S = \frac{R_R}{\sqrt{1+k\cdot c}} \tag{8.39}$$

Parameterextraktion für $U_B=2{,}0$ V

Zu betrachten ist die Schaltung nach Abb. 8.57. Bei $I(U_B)=140$ mA sowie $P=0{,}28$ W erhält man.

$R_R+R_S=19{,}8\ \Omega$.

Für $U_A=79$ mV bei $c=60$ % Vol. folgt mit Gl. 8.38 die Differenz der Widerstände $R_R-R_S=1{,}5642\ \Omega$.

Die Berechnung liefert $R_R=10{,}68\ \Omega$ und $R_S=9{,}12\ \Omega$.

Aus Gl. 8.39 ergibt sich $k=0{,}62$. Für eine bessere Kennlinien-Anpassung bei Konzentrationen $c>79$ % Vol. wird $k=0{,}6$ gewählt.

AUFGABE

Mit den Schaltungen nach Abb. 8.56, 8.57 sind die Abhängigkeiten der Ausgangsspannungen U_A und der Widerstände R_R und R_S von der Konzentration c im Bereich $\Delta c=0$ bis 100 % Vol. zu analysieren.

Analyse DC Sweep, Sweep variable: Global Parameter, Parameter Name: c, Sweep type: Linear, Start value. 0, End value: 1, Increment: 1 m.

ERGEBNIS

Die Kennlinien $U_A=f(c)$ der Datenblätter für $U_B=3{,}5$ V und 2,0 V werden mit den Darstellungen in Abb. 8.58, 8.59 weitgehend erfüllt. Die Sensorwiderstände R_S nehmen mit

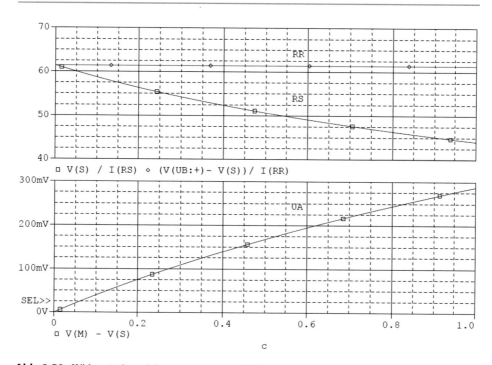

Abb. 8.58 Widerstände und Ausgangsspannung bei 3,5 V als Funktion der Methan-Konzentration

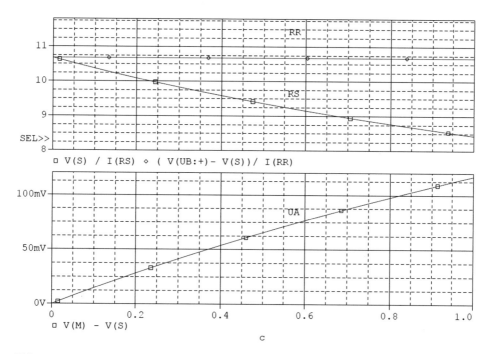

Abb. 8.59 Widerstände und Ausgangsspannung bei 2 V als Funktion der Methan-Konzentration

steigenden Konzentrationen c nicht linear ab. Bei höheren Leistungen treten wegen höherer Erwärmungen höhere Werte der Platin-Widerstände auf.

8.7.4 Ionensensitiver Feldeffekttransistor

8.7.4.1 Aufbau und Modellierung

Mit Ionensensitiven Feldeffekttransistoren (ISFET) lassen sich Ionen-Arten und deren Konzentrationshöhen nachweisen. Der Aufbau des ISFET nach Abb. 8.60 zeigt den Unterschied gegenüber einem n-Kanal-Anreicherungs-MOSFET. Dieser besteht darin, dass die Gate-Metallisierung durch eine ionensensitive Schicht IS ersetzt ist, die in Verbindung mit einer elektrolytischen Flüssigkeit steht. Die an der Referenzelektrode R anliegende Spannung U_R wird von einem Potentialsprung zwischen der Referenzelektrode und dem Elektrolyt und einem weiteren Potentialsprung U_{IS} an der Grenzschicht zwischen Elektrolyt und der IS-Schicht überlagert [16–20].

Die Spannung U_{IS} wird mit der NERNST-Gleichung beschrieben, siehe Gl. 8.40.

$$U_{IS} = U_0 + \frac{2{,}3 \cdot R \cdot T}{n} \cdot lg(a) \tag{8.40}$$

Dabei sind: U_0 eine Offsetspannung, $R = 8{,}31$ V/As/K/mol die Gaskonstante, $F = 9{,}65$ As/mol die Faraday-Konstante, T die Temperatur in Kelvin und n die Ionen-Wertigkeit. Mit der Größe a wird die Ionen-Aktivität in der Elektrolytflüssigkeit beschrieben. Es bedeutet $-lg(a) = pH$. Die Berechnung nach Gl. 8.40 ergibt für $n = 1$ bei der Temperatur von 25 °C die pH-Empfindlichkeit $U_{IS} = -59{,}06$ mV/pH.

Als ionensensitive Schichten werden Aluminiumoxid Al_2O_3, Siliziumnitrid Si_3N_4 und Tantalpentoxid Ta_2O_5 verwendet. Die Auswirkung der Ionenkonzentration auf den Drain-Strom kann mit der Verringerung der Spannung U_R um den Wert von U_{IS} oder mit der

Abb. 8.60 Aufbau des ISFET

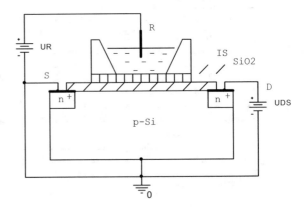

Erhöhung der Schwellspannung VTO um die Höhe von U_{IS} erfasst werden. Für die Schwellspannung des ISFET gilt dann Gl. 8.41.

$$VTO = VTOMOS + m*xpH \tag{8.41}$$

Für xpH = 0 wird VTO = VTOMOS. Der Faktor m hat die Einheit mV/xpH.

8.7.4.2 Schaltungen zur Erfassung des pH-Wertes

Schaltung mit dem Anschluss der Referenzelektrode an die Gate-Source-Spannung
In der Schaltung nach Abb. 8.61 arbeitet der ISFET mit der konstanten Drain-Source-Spannung $U_{DS} = 100$ mV [13, 16, 18, 19]. Für den linearen Bereich gilt für den Drain-Strom die Gl. 8.42.

$$I_D = KP \cdot \frac{W}{L} \cdot \left[(U_{GS} - VTO) \cdot U_{DS} - \frac{U_{DS}^2}{2} \right] \tag{8.42}$$

Der ISFET mit einer Si_3N_4-IS-Schicht kann mit den Werten für die Kanalweite W und die Kanallänge L nach [21] wie folgt modelliert werden:
  .model ISFET NMOS W = 60u, L = 3u, KP = 20uA/V/V, VTO = {VTOMOS + m*xpH}
  Als typische Parameter gelten: VTOMOS = 1 V und m = 55 mV/xpH.
  Mit einer höheren Ionenkonzentration steigt die Gate Source-Spannung U_{GS} an. Die Spannung am Knoten S liegt auf der virtuellen Masse. Zu untersuchen ist die Abhängigkeit der Spannung am Knoten S mit xpH = 0, 2, 4, 6, 8 und 10 als Parameter. Ferner ist die Spannung U_{GS} als Funktion des pH-Wertes für xpH = 0 bis 10 zu analysieren.

Analyse 1 DC Sweep, Sweep variable: Voltage Source, Parameter Name: UGS, Parametric Sweep: Parameter Name: xpH, Sweep type: value list: 0, 2, 4, 6, 8, 10.

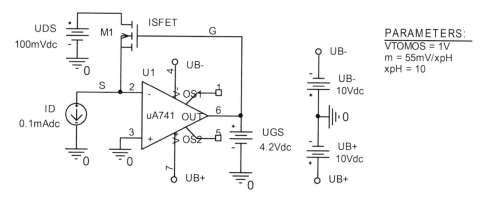

Abb. 8.61 Schaltung bei konstantem Drain-Strom und konstanter Drain-Source-Spannung

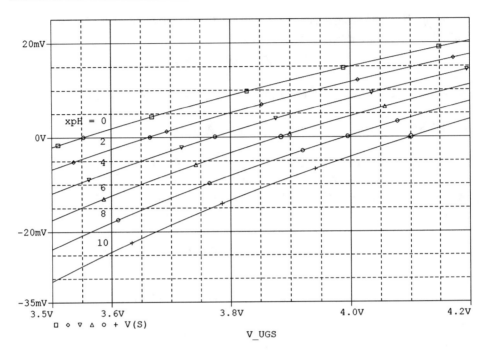

Abb. 8.62 Spannung am Knoten S als Funktion der Gate-Source-Spannung mit xpH als Parameter

Tab. 8.20 Extrahierte Werte der Gate-Source-Spannung des ISFET im Spannungsknoten S=0

xpH	0	2	4	6	8	10
U_{GS} in V	3,55	3,66	3,77	3,88	3,99	4,10

Analyse 2 DC Sweep, Sweep variable: Global Parameter, Parameter Name: xpH, Sweep type: Linear, Start value: 0, End value: 10, Increment: 10 m.

Parameterextraktion
Die Werte von $U_{GS}=V(G) -V(S)$ aus Abb. 8.62 für die pH-Werte bei V(S)=0 werden in Tab. 8.20 angegeben. Diese Werte sind Bestandteile der Kennlinie von Abb. 8.63.

Instrumentenverstärker mit zwei Operationsverstärkern
Die Schaltung nach Abb. 8.64 zeigt einen Instrumentenverstärker mit zwei Operationsverstärkern. Die Referenzelektrode des ISFET liegt auf Masse. Ausgewertet wird die Abhängigkeit des ISFET-Ausgangswiderstandes R_{DS} vom pH-Wert. Die Referenzelektrode des ISFET liegt auf Masse. Für $R_{11}=R_{12}=R_1$ sowie $R_{21}=R_{22}=R_2$ erhält man die Ausgangsspannung nach [22] mit Gl. 8.43.

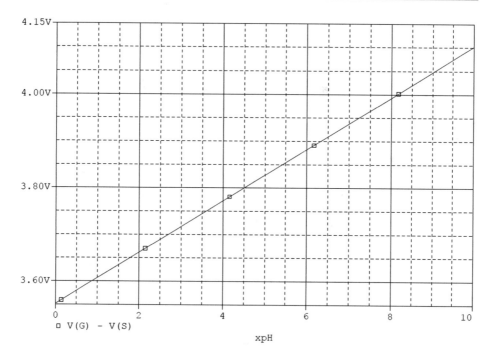

Abb. 8.63 Gate-Source-Spannung als Funktion des pH-Wertes

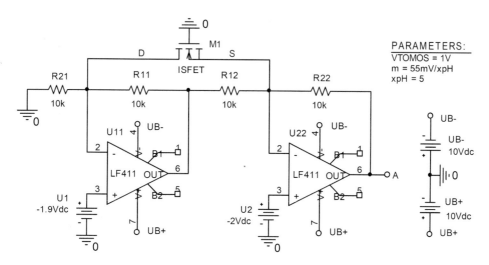

Abb. 8.64 Instrumentenverstärker mit zwei Operationsverstärkern und dem ISFET

$$U_A = \left(1 + \frac{R_2}{R_1} + 2 \cdot \frac{R_2}{R_{DS}}\right) \cdot \left(U_2 - U_1\right) \tag{8.43}$$

Der ISFET wird in dieser Schaltung im Arbeitspunkt $U_{DS}=0{,}1$ V und $U_{GS}=2$ V betrieben. Sämtliche Widerstände haben den Wert von $R=R_1=R_2 = 10$ kΩ. Der veränderliche Drain-Source-Widerstand R_{DS} wird von der Ionen-Konzentration in der elektrolytischen Lösung bestimmt.

Zu analysieren ist die Abhängigkeit $U_A=\mathrm{f}(\mathrm{xpH})$.

Analyse DC Sweep, Sweep variable: Global Parameter, Parameter name: xpH, Sweep type: Linear, Start value: 0, End value: 10 Increment: 10 m.

Die Analyse-Ergebnisse nach Abb. 8.65, 8.66 weisen lineare Abhängigkeiten der Ausgangsspannung und des Drain-Stromes von der Höhe des pH-Wertes auf.

Der Zusammenhang des Drain-Source-Widerstandes R_{DS} mit der Ausgangsspannung U_A geht aus Gl. 8.44 hervor und Gl. 8.45 gilt für die Beziehung zwischen diesem Widerstand und dem Drain-Strom.

$$R_{DS} = \frac{2 \cdot R}{\frac{U_A}{U_2 - U_1} - 2} \tag{8.44}$$

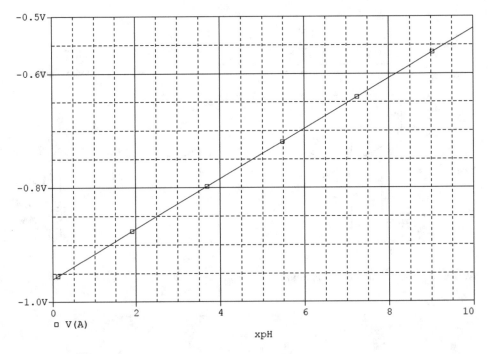

Abb. 8.65 Abhängigkeit der Ausgangsspannung vom pH-Wert

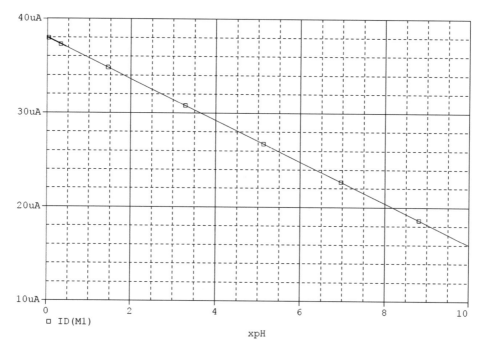

Abb. 8.66 Abhängigkeit des Drain-Stromes vom pH-Wert

Man erhält mit $U_1 - U_2 = U(D) - U(S) = U_{DS}$ den Ausdruck.

$$R_{DS} = \frac{U_1 - U_2}{I_D} \qquad (8.45)$$

Aus Abb. 8.67 folgt die nicht lineare Abhängigkeit des Widerstandes R_{DS} vom pH-Wert.

Parameterextraktion

In einem Beispiel werde in der Schaltung nach Abb. 8.64 gemessen: $U_A = -0{,}74$ V bei $U_{DS} = U_1 - U_2 = 0{,}1$ V und $U_{GS} = 0 - U_2 = 2$ V. Mit Gl. 8.44 erhält man für diese Werte den Drain-Source-Widerstand $R_{DS} = 3{,}704\,\text{k}\Omega$ und aus Gl. 8.45 den Drain-Strom $I_D = 27\,\mu\text{A}$. Aus Gl. 8.46 ergibt sich der pH-Wert.

$$xpH = \frac{1}{m} \cdot \left(U_{GS} - VTOMOS - \frac{U_{DS}}{2} - \frac{L}{R_{DS} \cdot KP \cdot W} \right) \qquad (8.46)$$

Mit den technologischen Parametern VTOMOS = 1 V (Schwellspannung des MOSFET ohne den Einfluss der elektrolytischen Lösung), Transkonduktanz $KP = 20\,\mu\text{A/V}^2$, Kanalweite $W = 60\,\mu\text{m}$ und Kanallänge $L = 3\,\mu\text{m}$ folgt xpH = 5. Die Tab. 8.21 zeigt den Einfluss der elektrolytischen Lösung auf die Parameter.

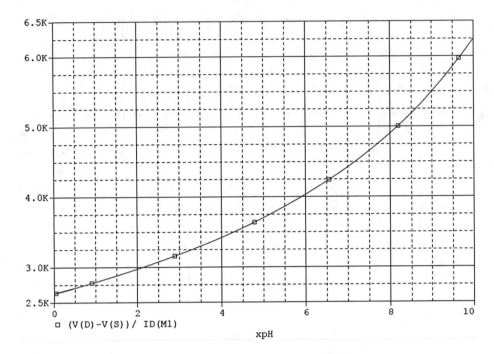

Abb. 8.67 Abhängigkeit des Drain-Source-Widerstandes vom pH-Wert

Tab. 8.21 Parameter-Vergleich	xpH	0	5
	U_A in V	−0,96	−0,74
	I_D in μA	38	27
	R_{DS} in kΩ	2,632	3,704

Instrumentenverstärker mit drei Operationsverstärkern

Über die Anwendung des ISFET als Bestandteil eines Instrumentenverstärkers mit drei Operationsverstärkern wird in [19, 21] und [23] berichtet. Für den Instrumentenverstärker nach Abb. 8.68 erhält man die Ausgangsspannung nach [22] mit Gl. 8.47. Dabei gilt $R_{11}=R_{12}=R_1$, $R_{21}=R_{22}=R_2$ und $R_{31}=R_{32}=R_3$.

$$U_A = \frac{R_2}{R_1} \cdot \left(1 + 2 \cdot \frac{R_3}{R_{DS}}\right)(U_1 - U_2) \tag{8.47}$$

Aus Gl. 8.47 folgt der Ausgangswiderstand des ISFET nach Gl. 8.48.

$$R_{DS} = \frac{2 \cdot R}{U_A / (U_1 - U_2) - 1} \tag{8.48}$$

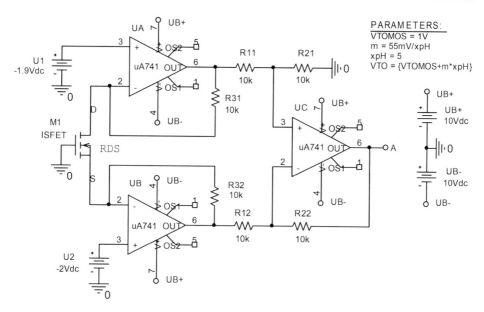

Abb. 8.68 Instrumentenverstärker mit drei Operationsverstärkern und dem ISFET

Der ISFET wird im Arbeitspunkt $U_{DS} = U_1 - U_2 = 0{,}1$ V und $U_{GS} = 0 - U_2 = 2$ V betrieben.

Mit den zuvor angegebenen Analyseschritten erhält man die Abhängigkeit der Ausgangsspannung von den pH-Werten nach Abb. 8.69.

Die Verläufe $I_D = f(\text{xpH})$ und $R_{DS} = f(\text{xpH})$ sind identisch mit denen von Abb. 8.66, 8.67.

Parameterextraktion

Bei xpH = 10 ist $R_{DS} = 6{,}25$ kΩ. Damit erhält man mit der Schaltung nach Abb. 8.64 für die Ausgangsspannung: $U_A = (1 + 20 \text{ k}\Omega / 6{,}25 \text{ k}\Omega) \cdot (-1{,}9 \text{ V} + 2 \text{ V}) = 0{,}42$ V, siehe Abb. 8.69. Ein Vergleich:

In der Schaltung von Abb. 8.64 gilt: $U_A = (2 + 20 \text{ k}\Omega / 6{,}25 \text{ k}\Omega) \cdot (-2 \text{ V} + 1{,}9 \text{ V}) = -0{,}52$ V, siehe Abb. 8.65.

Standard-Schaltung

Die Schaltung nach Abb. 8.70 stellt eine Standardschaltung für den Betrieb des ISFET bei konstanter Drain-Source-Spannung und konstantem Drain-Strom dar [24, 25].

Die Schaltung enthält zwei Spannungsfolger mit Operationsverstärkern, die bei einer Spannungsverstärkung von eins einen hohen Eingangswiderstand aufweisen und kon-

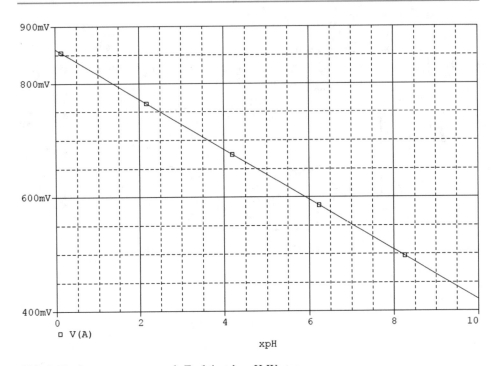

Abb. 8.69 Ausgangsspannung als Funktion des pH-Wertes

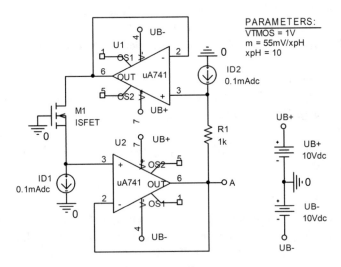

Abb. 8.70 Standard-Schaltung zur Ermittlung des pH-Wertes

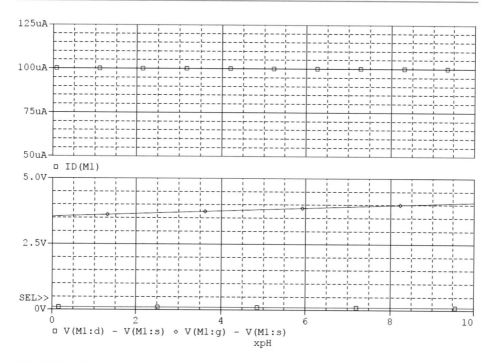

Abb. 8.71 Abhängigkeiten der Spannungen U_{DS} und U_{GS} und des Drain-Stromes I_D vom pH-Wert

stante Spannungen bewirken. Die Stromquelle I_{D1} sorgt für den konstanten Drain-Strom $I_D = 0{,}1$ mA und die Stromquelle I_{D2} erbringt als Produkt mit dem Widerstand R_1 die konstante Drain-Source-Spannung $U_{DS} = 0{,}1$ V. Die Gate-Source-Spannung steigt nach Gl. 8.49 ausgehend von $U_{GS} = 3{,}55$ V bei xpH $= 0$ auf 4,1 V bei xpH $= 10$ an, siehe Gl. 8.49 und Abb. 8.71.

$$U_{GS}\left(ISFET\right) = U_{GS}\left(MOSFET\right) + m \cdot xpH \tag{8.49}$$

wobei die Spannung U_{GS} des MOSFET aus Gl. 8.50 hervorgeht.

$$U_{GS}\left(MOSFET\right) = \frac{I_D \cdot L}{U_{DS} \cdot KP \cdot W} + \frac{UDS}{2} + VTOMOS \tag{8.50}$$

Für xpH $= 10$ erhält man mit Gl. 8.49 U_{GS}(ISFET) $= 3{,}55$ V $+ 0{,}55$ V $= 4{,}1$ V.

Die Ausgangsspannung dieser Schaltung entspricht mit Abb. 8.72 der invertierten Gate-Source-Spannung mit $U_A = -U_{GS} = -((V(M1{:}g) - (V(M1{:}s))$.

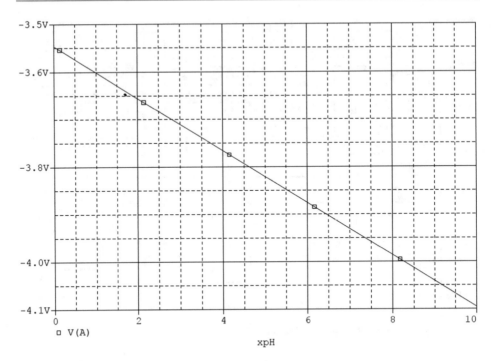

Abb. 8.72 Abhängigkeit der Ausgangsspannung vom pH-Wert

Literatur

1. Siemens Matsushita: Datenblatt der NTC-Sensoren M87/5 und M87/10
2. Infineon: Datenblatt des PTC-Sensors KTY11–5
3. B + B Thermotechnik. Datenblätter der Feuchtesensoren EFS-10, KFS33-LC und KFS140-D, Donaueschingen (2013)
4. Perkin Elmer Optoelectronics: Datenblatt des FotowiderstandesT9060/22, HAMAMATSU: Datenblatt des RGB-Farbsensors S9032/02
5. Hamamatsu: Datenblatt des RGB-Farbsensors S9032/02
6. Böhmer, E., Ehardt, D., Oberschelp, W.: Elemente der angewandten Elektronik. Vieweg + Teubner, Wiesbaden (2010)
7. Interlink Electronics: Datenblatt des Kraftsensors FSR-400, Ausgabe 9 (2000)
8. EKULIT: Datenblätter der piezoelektrischen Schallwandler EPZ-27MS44 und EPZ-27MS44F, Ostfildern/Nellingen (2014)
9. Pro-Wave Electronics Corp.: Datenblatt der Ultraschallwandler-Wandler 250ST/R160
10. Pro-Wave Electronics Corp.: Application Note- APO50830 (2015)
11. Koch, J.: Piezoxide- Wandler, Herausgeber: Valvo GmbH, Hamburg, Ausgabe März 1973
12. FIGARO USA, INC.: Datenblatt des Gassensors TGS 813, REV: 09/02, Arlington Heights, IL 60005
13. Baumann, P.: Ausgewählte Sensorschaltungen, 4. Auflage, Springer Vieweg (2022)
14. NEMOTO: Sensor NAP 55A/NAP50A-manual, issue 6, May (2019)

15. SGX SENORTECH: Datenblatt des Wärmeleitungs-Gassensors VQ31
16. Schrüfer, E.: Elektrische Messtechnik, Cal Hanser Verlag München (2001)
17. Elbel, T.: Mikrosensorik. Vieweg. Wiesbaden (1996)
18. Schmidt, W.-D.: Sensorschaltungstechnik. Vogel. Würzburg (1997)
19. Schiessle, E.: Industriesensorik. Vogel. Würzburg (2010)
20. Bergfeld, Ir. P.: ISFET, Theory and Practice. IEEE Sensor Conference, Toronto (2003)
21. Lopez-Huerta, F. et al.: An Integrated ISFET pH Microsensor on a CMOS Standard Process, Journal of Sensor Technology, 3, 57–62, (2013)
22. Franco, S.: Design with Operational Amplifiers and Analog Integrated Circuits, McGraw-Hill Book Company, New York (1988)
23. University of Edinburgh: Biosensors and Instrumentation, Tutorial 3 Solutions
24. Microsens SA: Datenblatt von MSFET-3330 pH sensor, Lausanne, May (2017)
25. Jarmin, R. et al.: ISFET Characterization using Constant Voltage Constant Current Readout Circuit, International Journal of Circuits, Systems and Signal Processing, ISSN:1998–4464, Volume 9 (2015)

Solarzellen

9

Zusammenfassung

In diesem Kapitel werden eine multikristalline, eine monokristalline und eine Dünnschicht-Silizium-Solarzelle auf der Grundlage von Datenblatt-Angaben untersucht. Die Analyse von Strom, Leistung und Wirkungsgrad für die Standard-Testbedingungen erfolgt mit dem Programm PSPICE. Die Parameterextraktion liefert den Dioden-Sättigungsstrom sowie den Parallel- und Serienwiderstand.

9.1 Multikristalline Solarzelle

Die Analysen beschränken sich zunächst auf ein idealisiertes, vereinfachtes Modell der Solarzelle, welches nachfolgend um weitere Schaltelemente zu einer praxisnäheren Schaltung ergänzt wird.

9.1.1 Vereinfachte Ersatzschaltung

Die Silizium-Solarzelle ist eine großflächige Halbleiterdiode, deren Sperrschicht dem Licht ausgesetzt wird. Die Ersatzschaltung nach Abb. 9.1 besteht aus der Diode mit dem Sättigungsstrom I_S als wichtigem SPICE-Parameter und der Konstant-Stromquelle I_K, die der Beleuchtungsstärke E_e proportional ist. Der Parallelwiderstand R_P und der Serienwiderstand R_S der Solarzelle bleiben bei dieser vereinfachten Ersatzschaltung noch unwirksam.

Untersucht wird eine multikristalline Silizium-Solarzelle mit der Fläche $A_Z = 0{,}1 \cdot 0{,}1 \ \mathrm{m}^2$, die bei den Standard-Testbedingungen STC (Bestrahlungsstärke $E_e = \mathbf{1000 \ W/m^2}$ mit Spektrum **AM 1,5** und Zellentemperatur $T_Z = \mathbf{25 \ °C}$) den Kurzschlussstrom $I_{sc} = \mathbf{3{,}2 \ A}$

© Springer Fachmedien Wiesbaden GmbH, ein Teil von Springer Nature 2024
P. Baumann, *Parameterextraktion bei Halbleiterbauelementen*,
https://doi.org/10.1007/978-3-658-43821-0_9

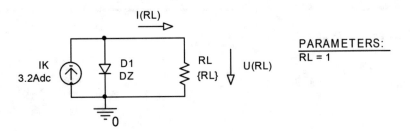

Abb. 9.1 Ersatzschaltung 1 der multikristallinen Solarzelle

und die Leerlaufspannung $U_{oc} = $ **590 mV** erreicht. Diese Werte wurden aus den Datenblatt-Angaben des multikristallinen Solarmoduls ASE-100-GT-FT/K von SCHOTT Solar [1] abgeleitet.

Mit der Temperaturspannung $U_T = 25{,}69$ mV für $T_Z = 25\ ^\circ$C erhält man den Sättigungsstrom der Solarzelle aus Gl. 9.1 zu $I_S = $ **340 pA**.

$$I_S = \frac{I_K}{\exp\left(U_0/U_T\right)} \tag{9.1}$$

$$I_S = \frac{I_K}{\exp\left(U_0/U_T\right)} \tag{9.2}$$

Ausgangspunkt weiterer Untersuchungen ist die Abhängigkeit von Strom und Spannung der Solarzelle vom Lastwiderstand mit der nachfolgenden Analyse.

Analyse DC Sweep, Global Parameter, Name: RL, Logarithmic, Start value: 10 m, End value: 10, Points/Decade: 100, Temperature (Sweep), Run to the simulation at Temperature: 25 °C.

Aus der Analyse geht die Darstellung von Abb. 9.2 hervor. Bei noch sehr niedrigem Lastwiderstand gilt $I(R_L) = I_{sc}$ und bei hohem Lastwiderstand wird V(R_L:1) $= U_{0c}$.

Die Abhängigkeit des Stromes und der Leistung von der Spannung kann analysiert werden, indem der Lastwiderstand R_L als Abszisse durch die Spannung $U_L = $ V(R_L:1) ersetzt wird.

Analyse DC Sweep, Global Parameter, Name: RL, Linear, Start value: 10 u, End value: 30, Increment: 100 u, Temperature (Sweep), Run to the simulation at Temperature: 25 °C, Plot, Axis Settings, Axis variable, Trace Expression: V(RL:1).

Aus Abb. 9.3 erhält man im Punkt „maximaler Leistung (MPP)" für die vereinfachte Ersatzschaltung den Strom $I_{mpp} = 3{,}048$ A und die Spannung $U_{mpp} = 511{,}72$ mV. Die Nennleistung beträgt $P_{mpp} = I_{mpp} \cdot U_{mpp} = 3.048$ A $\cdot 511.72$ mV $= $ **1,56 W**. Somit lässt sich nach Gl. 9.3 der Füllfaktor zu **FF = 0,826** ermitteln.

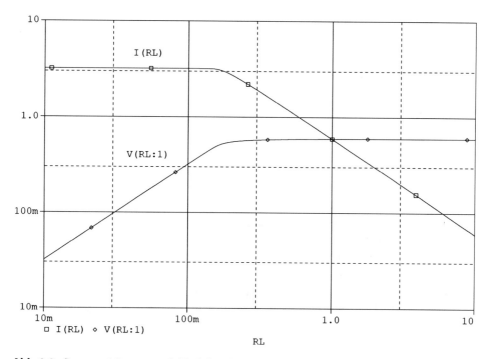

Abb. 9.2 Strom und Spannung als Funktion der Ohmschen Belastung

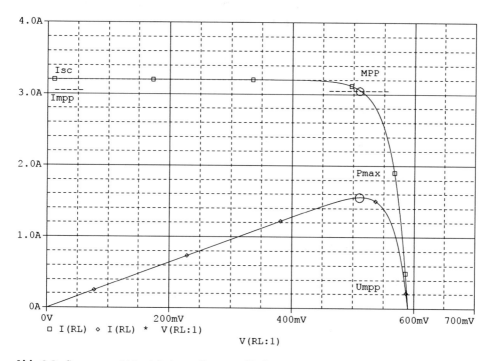

Abb. 9.3 Spannungsabhängigkeit von Strom und Leistung der multikristallinen Solarzelle

$$FF = \frac{I_{mpp} \cdot U_{mpp}}{I_{sc} \cdot U_{0c}} \qquad (9.3)$$

Die maximale Leistung erreicht $P_{max} = I_{max} \cdot U_{ppm} = 1{,}56$ A·511,72 mV = **0.798 W**.

Der Wirkungsgrad der Solarzelle nach Gl. 9.4 ist der Quotient aus der nutzbaren elektrotechnischen Leistung zur eingestrahlten Lichtleistung.

$$\eta = \frac{I_{mpp} \cdot U_{mpp}}{E_e \cdot A}, \qquad (9.4)$$

Für die Standard-Bedingungen erhält man mit den zuvor ermittelten Größen den Wirkungsgrad für die einfache Ersatzschaltung mit $\eta = $ **15,60 %**. Dieser Wert der Solarzelle wurde aus den Ausgangsdaten des Solarmoduls abgeleitet.

Eine bedeutende Rolle spielt die Temperaturabhängigkeit der Solarzelle. Das betrifft nicht nur die Außentemperatur, sondern auch die Eigenerwärmung.

Untersucht wird die Auswirkung der Temperatur auf den Strom und die Leistung bei der Bestrahlungsstärke $E_e = 1000$ W/m². Die Simulation erfolgt mit den Werten: -40 °C, 25 °C und 90 °C. Das Datenblatt nach [1] weist hierzu die zulässige Modultemperatur mit -40 bis $+90$ °C aus.

Analyse
DC Sweep, Global Parameter, Name: RL, Logarithmic, Start value: 10 u, End value: 30, Points/Decade: 100, Options, Secondary Sweep, Temperature, value List:

-40 25 90, Plot, Axis Settings, Axis variable, Trace Expression: V(RL:1).

Das Analyse-Ergebnis von Abb. 9.4 gilt für die vereinfachte Ersatzschaltung der Solarzelle und lässt die Abnahme der Spannung sowie die Verringerung der Leistung bei höheren Temperaturen erkennen und auswerten.

Für die einfache Ersatzschaltung erhält man

- den Füllfaktor $FF = 0{,}874$ bei $T_Z = -40$ °C und $FF = 0{,}76$ bei $T_Z = +90$ °C
- den Wirkungsgrad $\eta = 20{,}09$ % bei $T_Z = -40$ °C und $\eta = 11{,}15$ % bei $T_Z = +90$ °C.

9.1.2   Erweiterte Ersatzschaltung

Die erweiterte Ersatzschaltung der realen Solarzelle nach Abb. 9.5 erfasst den Parallelwiderstand R_P und den Serienwiderstand R_S. Damit werden Kriechströme und Kristalldefekte sowie Kontakt- und Leitungswiderstände als auch Widerstände des Halbleitermaterials erfasst [2].

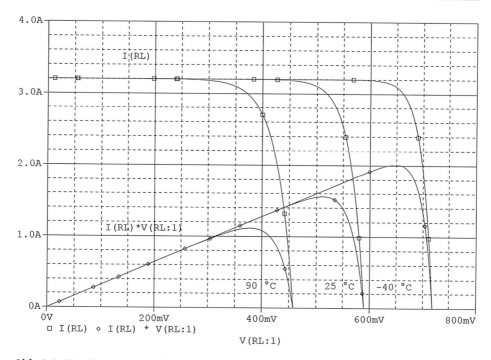

Abb. 9.4 Kennlinien der multikristallinen Solarzelle mit der Temperatur als Parameter

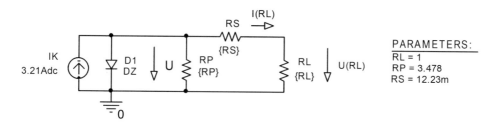

Abb. 9.5 Erweiterte Ersatzschaltung der multikristallinen Solarzelle

Die aufgeführten Widerstände verschlechtern den Füllfaktor, die Leistung und damit den Wirkungsgrad.

Den Einfluss von Parallel- und Serienwiderstand auf den Strom durch den Lastwiderstand $I_{(RL)}$ beschreibt Gl. 9.5 nach [3].

$$I_{(RL)} = I_K - I_S \cdot \left[\exp\left(\frac{U_L + I_L \cdot R_S}{U_T} \right) - 1 \right] - \frac{U_L + I_L \cdot R_S}{R_P} \qquad (9.5)$$

Eine Variation von Werten der Widerstände R_P und R_S für die Standard-Bedingungen liefert den Ansatz zu einer Parameterextraktion.

Die Analyse für die Variation des Parallelwiderstandes ist wie folgt auszuführen:

Analyse DC Sweep, Global Parameter, Name: RL, Logarithmic, Start value: 1 u, End value: 100, Points/Decade: 100, Options, Secondary Sweep, Temperature, Run to Simulation at temperature: 25 °C, Secondary Sweep, Global Parameter, Name: RP, value list: 2 Ω, 4 Ω, 1 TΩ, Plot, Axis Settings, Axis variable, Trace Expression: V(RL:1).

Die entsprechende Analyse für den Serienwiderstand erfordert die Eingabe mit: Name: RS, Value List: 1 pΩ, 0,02 Ω, 0.04 Ω.

Die Analyseergebnisse nach Abb. 9.6 und Abb. 9.7 zeigen, dass beide Widerstände zu einer Verformung der Kennlinie und damit zur Herabsetzung des Füllfaktors und Wirkungsgrades führen.

Für einen ersten Ansatz kann man die Neigungen der gemessenen Strom-Spannungs-Kennlinie in der in der Nähe des Kurzschlussstromes oder in der Nähe der Leerlaufspannung für die Parameterextraktion von R_P oder R_S heranziehen [4].

Wertet man die im nachfolgenden Endergebnis simulierten Kennlinien von Abb. 9.8 als eine Messung, dann erhält man die Ansatzwerte:

$$R_p \approx 320\,\text{mV}/\left(3{,}21\,\text{A} - 3{,}1069\,\text{A}\right) = 3{,}104\;\Omega\ \text{und}$$

$$R_S \approx \left(590\,\text{mV} - 570\,\text{mV}\right)/0.9\,\text{A} = 22{,}22\;\text{m}\Omega.$$

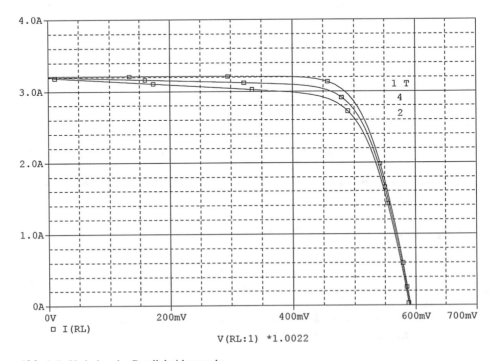

Abb. 9.6 Variation des Parallelwiderstandes

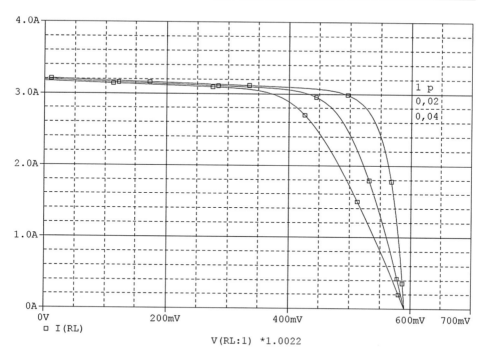

Abb. 9.7   Variation des Serienwiderstandes

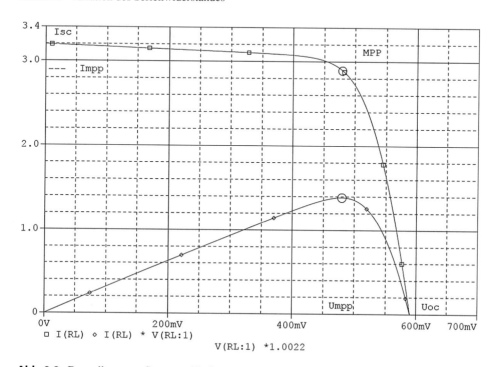

Abb. 9.8   Darstellung von Strom und Leistung der multikristallinen Solarzelle

Mit wechselseitigen Variationen von R_P und R_S sind nun die Werte im „Maximum Power Point" MPP mit $I_{mpp} = 2,9$ A und $U_{mpp} = 34,5$ V/72 = 479.17 mV zu erfüllen.

Dieses Ziel wird (nach mehreren Test-Durchläufen) weitgehend erreicht mit:

$$R_P = 3,478 \ \Omega \ \textbf{und } R_S = 12,23 \ \text{m}\Omega.$$

Die Nennleistung der Solarzelle beträgt $P_{mpp} = U_{mpp} \cdot I_{mpp} = \textbf{1,39 W}$.

Der Füllfaktor für die Solarzelle mit der erweiterten Ersatzschaltung folgt aus Gl. 9.3 mit: $FF_{SZ} = U_{mpp} \cdot I_{mpp}/(U_{0c} \cdot I_{sc}) = (479,17 \ \text{mV} \cdot 2,9 \ \text{A})/(590,28 \ \text{mV} \cdot 3,2 \ \text{A}) = 0,736$.

Dieser Wert entspricht auch dem Füllfaktor des Solarmoduls, denn die betrachtete Solarzelle wurde im Beispiel aus dem Solarmodul abgeleitet. Eine Ausmessung der Solarzelle für sich würde im Allgemeinen einen höheren Füllfaktor und einen höheren Wirkungsgrad wegen der besseren Ausnutzung der bestrahlten Fläche gegenüber dem Solarmodul ergeben.

$$FF_{SM} = U_{mpp} \cdot I_{mpp} / \left(U_{0c} \cdot I_{sc} \right) = \left(34,5 \ \text{V} \cdot 2,9 \ \text{A} \right) / \left(42,5 \ \text{V} \cdot 3,2 \ \text{A} \right) = \textbf{0,736}.$$

Für die Wirkungsgrade mit der Berücksichtigung von R_P und R_S erhält man mit Gl. 9.3:

$$\eta_{SZ} = U_{mpp} \cdot I_{mpp} /(E_e \cdot A) = (479,17 \ \text{mV} \cdot 2,9 \ \text{A})/(1000 \ \text{mW/m}^2 \cdot 0,01 \ \text{m}^2) = \textbf{13,90 \%}$$

$$\eta_{SM} = U_{mpp} \cdot I_{mpp} /(E_e \cdot A) = (34,5 \ \text{V} \cdot 2,9 \ \text{A})/(1000 \ \text{mW/m}^2 \cdot 0,72 \ \text{m}^2) = \textbf{13,90 \%}.$$

Mit der erweiterten Ersatzschaltung der Solarzelle nach Abb. 9.5 können nun für die Standard-Bedingungen die Verläufe von Strom und Leistung analysiert werden.

Analyse DC Sweep, Global Parameter, Name: RL, Logarithmic, Start value: 10 u, End value: 100, Points/Decade: 1k, Temperature, Run to simulation at temperature: 25 °C, Plot, Axis Settings, Axis variable, Trace Expression: V(RL:1).

Die Abb. 9.8 zeigt gegenüber Abb. 9.3 eine praxisnähere Darstellung. Die Stromkennlinie weist eine Neigung auf. Die Werte von Strom und Leistung sind in den Punkten MPP und P_{max} geringer als für die vereinfachte Schaltung der Solarzelle.

Die Tab. 9.1 zeigt eine Zusammenstellung der zuvor ermittelten Kenngrößen.

Tab. 9.1 Kenngrößen der einfachen und erweiterten Ersatzschaltung

Kenngröße	Einfache Ersatzschaltung	Erweiterte Ersatzschaltung
P_{mpp}	1,56 W	1,39 W
U_{mpp}	512 mV	479 mV
I_{mpp}	3,05 A	2,9 A
FF	0,826	0,736
η	15,6	13,9

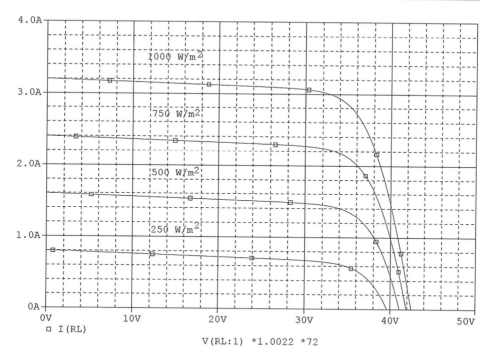

Abb. 9.9 Kennlinienfeld des multikristallinen Solarmoduls

9.1.3 Multikristallines Solarmodul

Das analysierte Solarmodul folgt aus der Reihenschaltung der Solarzellen. Im betrachteten Beispiel werden 72 Solarzellen verwendet. Das Analyse-Ergebnis nach Abb. 9.9 führt bei den Standard-Testbedingungen zur Spannung U (RL:1) = 42,5 V.

Analyse DC Sweep, Global Parameter, Name: RL, Logarithmic, Start value: 10 u, End value: 100, Points/Decade: 1k, Temperature, Run to simulation at temperature: 25 °C, Secondary Sweep, current source, Name: IK Start value: 0.8 A, End value: 3.2 A, Increment: 0.8 A, Plot, Axis Settings, Axis variable, Trace Expression: V(RL:1)*72.

9.2 Monokristalline Solarzelle

Die Analysen zur monokristallinen Solarzelle erfolgen am Beispiel der Solarzelle Q6LMXP3-G3 von Hanwha Q Cells GmbH [5]. Den Ausgangspunkt der Parameter-extraktion mit den Standard-Testbedingungen E_e = **1000 W/m², 25 °C, AM 1,5** bilden die Datenblatt-Kenngrößen, siehe Tab. 9.2.

Tab. 9.2 Kenngrößen der Solarzelle Q6LMXP3-G3 nach [9.5]

Nennleistung	P_{mpp}	4,62 W	Kurzschlussstrom	I_{sc}	9,23 A
Fläche	A_{SZ}	156*156 mm²	Leerlaufspannung	$U_{0\mathrm{c}}$	639 mV

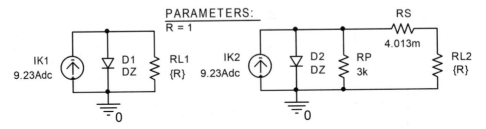

Abb. 9.10 Einfache und erweiterte Ersatzschaltung der monokristallinen Solarzelle

Aus Gl. 9.1 folgt der Sättigungsstrom der Silizium-Diode mit $I_{\mathrm{S}} = \mathbf{145{,}47\ pA}$. Die Dioden werden wie folgt modelliert:

.model DZ D IS=145.47pA TNOM=25.

Die Abb. 9.10 zeigt zwei Ersatzschaltungen der Solarzelle. Bei monokristallinen Solarzellen hat der Parallelwiderstand mit $R_{\mathrm{P}} \cdot A_{\mathrm{Z}} > 1000\ \Omega\mathrm{cm}^2$ nach [2] kaum einen Einfluss auf die Strom-Spannungs-Kennlinie. Eine Variation des Serienwiderstandes führt mit $R_{\mathrm{S}} = \mathbf{4{,}013\ m\Omega}$ zu dem Ziel, dass die Nennleistung $P_{\mathrm{mpp}} = 4{,}62$ W erreicht wird.

Analyse DC Sweep, Global Parameter, Name: RL, Logarithmic, Start value: 10 u, End value: 100, Points/Decade: 1k, Temperature, Run to simulation at temperature: 25 °C, Trace, Add Trace: I(RL1:1), Plot, Axis Settings, Axis variable, Trace Expression: V(RL1:1), Plot Axis Settings Linear, User Defined: 0 to 700 mV, Trace, Add Trace: I(RL1:1)*V(RL1:1), Trace Cursor Peak, I(RL1:1) Trace Cursor Peak.

Analog ist nach Add Plot, Unsynchronize x-Axis mit I(RL2) und V(RL2:1) zu verfahren.

Weil der veränderliche Parameter R für beide Ersatzschaltungen wirksam ist, können deren Kennlinien in einem gemeinsamen Diagramm in Abb. 9.11 miteinander verglichen werden.

Der Serienwiderstand R_{S} verringert die Nennleistung P_{mpp} und die maximale Leistung $P_{\mathrm{M}} = P_{\max}$ und bewirkt eine Verschiebung in Richtung kleinerer Spannungen.

In Tab. 9.3 sind die zu den Kennlinien gehörenden Größen zusammengestellt, aus denen die Füllfaktoren und Wirkungsgrade nach den Gl. 9.3 und 9.4 hervorgehen.

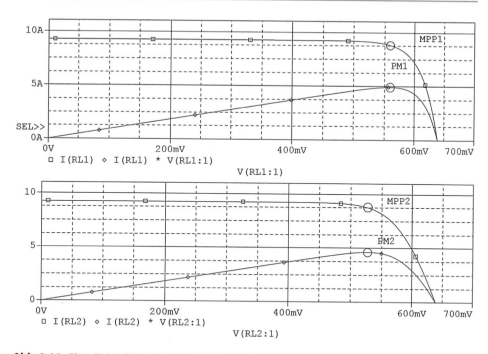

Abb. 9.11 Kennlinien-Vergleich von einfacher und erweiterter Ersatzschaltung

Tab. 9.3 Gegenüberstellung von Parametern der monokristallinen Solarzelle

Kenngröße	Ersatzschaltung 1	Ersatzschaltung 2
P_{mpp}	4,93 W	4,62 W
U_{mpp}	559 mV	527 mV
I_{mpp}	8,82 A	8,77 A
FF	0,84	0,78
η	20,3 %	19 %

9.3 Amorphes Silizium-Solarmodul

Betrachtet wird ein Solarmodul aus a-Si bei den Standard-Bedingungen $E_e = 1000\ \text{W/m}^2$, $T = 25\ ^\circ\text{C}$, AM 1,5. Die Tab. 9.4 zeigt als Beispiel die Datenblatt-Werte eines Dünnschicht-Solar-Moduls der Leistungsklasse 90 Wp des Unternehmens Bosch Solar Energy AG nach [6]

Dividiert man beispielsweise die Modulfläche A_{SM} durch die Zahl 200, dann erhält man 200 Solarzellen mit der Fläche $A_{SZ} = 7{,}15 \cdot 10^{-3}\ \text{m}^2$. Für diese Solarzelle gelten die Daten: $I_{sc} = 1{,}13\ \text{A}$ und $U_{oc} = 141\ \text{V}/200 = \mathbf{0{,}705\ V}$.

Aus Gl. 9.1 folgt der Sättigungsstrom der Diode für die Schaltung nach Abb. 9.12 mit $I_S = \mathbf{1364\ fA}$. Die Diode wird wie folgt modelliert:

Tab. 9.4 Angaben zum Solarmodul a-Si 90 nach [6]

Kenngröße	Wert	Kenngröße	Wert
A_{SM}	1,3*1,1 m²	P_{mpp}	89,1 W
U_{0c}	141 V	U_{mpp}	99 V
I_{sc}	1,13 A	I_{mpp}	0.90 A

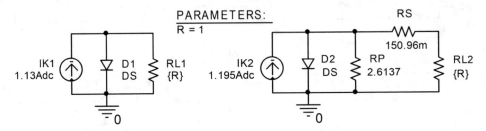

Abb. 9.12 Einfache und erweiterte Ersatzschaltung einer Dünnschicht-Solarzelle

.model DS D IS = 1364f TNOM = 25

Aus der Analyse der einfachen Ersatzschaltung 1 mit den Standard-Bedingungen folgen die Kennlinien für den Strom und die Leistung nach Abb. 9.12.

Analyse DC Sweep, Global Parameter, Name: R, Logarithmic, Start value: 0.1 u, End value: 100k, Points/Decade: 1k, Temperature, Run to simulation at temperature: 25 °C, Trace, Add Trace: I(RL:1), Plot, Axis Settings, Axis variable, Trace Expression: V(RL1:1), Plot Axis Settings Linear, User Defined: 0 to 800 mV, Trace, Add Trace: I(RL1:1)*V(RL1:1), Trace Cursor Peak, I(RL1:1) Trace Cursor Peak.

Die Analyse der Solar-Zelle liefert für Ersatzschaltung 1 die Spannung U_{mpp} = 621,68 mV und den Strom I_{mpp} = 1,0857 A. Damit beträgt der Füllfaktor **FF = 0,796** nach Gl. 9.3 und der Wirkungsgrad η = **9,44 %** nach Gl. 9.4.

Für das Solar-Modul von Schaltung 2 sind die in Tab. 9.4 angegebenen Werte für U_{oc}, I_{sc}, U_{mpp} und I_{mpp} zu erfüllen.

Das erfordert eine wechselseitige Anpassung der Widerstände auf **R_P = 2,6137 Ω** und **R_S = 150, 96 m Ω**. Ferner ist eine Erhöhung der Werte für die Konstant-Strom-Quelle von I_{K1} = 1,13 A auf I_{K2} = 1,195 A und für die Spannung auf U = U(RL 2:1) · 201,43 vorzunehmen. Auf diese Weise können die Werte für I_{sc} und U_{oc} erreicht werden.

Nach mehreren Tests wurden mit den angegebenen Werten von Ersatzschaltung 2 die Werte U_{mpp} = 98,97 V ≈ **99 V** und I_{mpp} = 900,31 mA ≈ **0,9 A** für das Modul erzielt, siehe Abb. 9.13. Der Stromverlauf ist bei den kleineren Spannungen stark geneigt und zeigt oberhalb von MPP anstelle des steilen einen abgeflachten Verlauf.

Das Kennlinienfeld des Dünnschicht-Solarmoduls auf der Basis von amorphem Silizium geht aus der folgenden Analyse hervor:

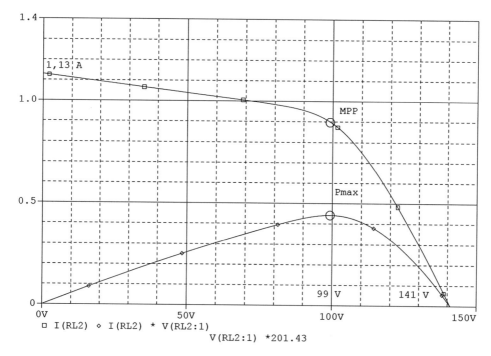

Abb. 9.13 Strom und Leistung des Dünnschicht-Solar-Moduls

Analyse DC Sweep, Global Parameter, Name: R, Logarithmic, Start value: 0.1 u, End value: 5k, Points/Decade: 1k, Temperature, Run to simulation at temperature: 25 °C, Secondary Sweep, Current Source, Name: IK2, Value list: 0,29875, 0,5975, 0,89625, 1,195, Trace, Add Trace: I(RL:2), Plot, Axis Settings, Axis variable, Trace

Expression: V(RL2:1)·201,43, Plot Axis Settings Linear, User Defined: 0 to 150 V, Trace, Add Trace: I(RL2:1)*V(RL2:1), Trace Cursor Peak, I(RL2:1).

Die Abb. 9.14 zeigt das Kennlinienfeld mit der Bestrahlungsstärke als Parameter.

Aus dieser Abbildung folgt ein weiteres Kennlinienfeld mit dem Einbezug von Ohmschen Verbraucherwiderständen von 50 und 200 Ω sowie eine Verlustleistungshyperbel für 60 W, siehe Abb. 9.15.

Für die Solar-Zelle gelten also die Werte $I_{K2} = 1,195$ A und $U = U(\text{RL2:1}) \cdot 1,00715$, um $I_{sc} = 1,13$ A und $U_{oc} = 0,705$ V zu erhalten. Der obige Wert von 1,00715 geht aus dem Quotienten 201,43/200 hervor.

Die Abb. 9.16 verdeutlicht die Auswirkung der Widerstände in der erweiterten Ersatzschaltung auf die Kennlinien.

Die Tab. 9.5 zeigt eine Gegenüberstellung von ermittelten Kenngrößen der Dünnschicht-Solar-Bauelemente.

Wertvolle Aussagen zu den Eigenschaften der Solarzelle liefert eine Analyse zur Abhängigkeit des Kurzschlussstromes I_{sc} und der Leerlaufspannung U_{oc} von der Bestrahlungs-

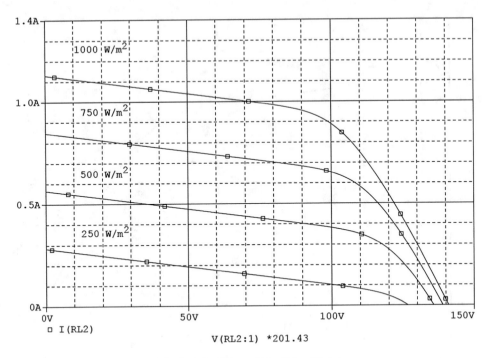

Abb. 9.14 Simuliertes Kennlinienfeld des Dünnschicht-Solar-Moduls

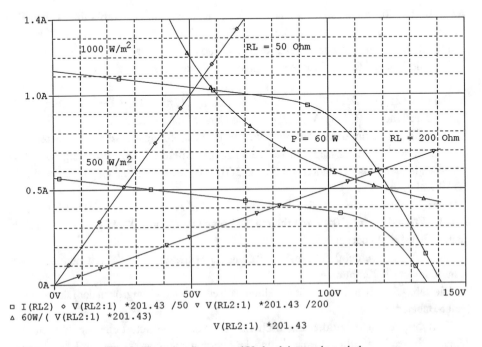

Abb. 9.15 Solarmodul mit Ohmschen Lasten und Verlustleistungshyperbel

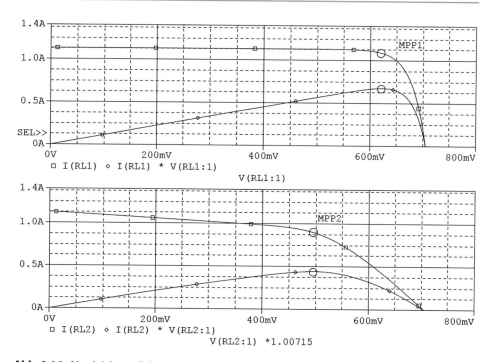

Abb. 9.16 Vergleich von Schaltung 1 und 2 für die Dünnschicht-Solar-Zelle

Tab. 9.5 Kenndaten-Vergleich zu Dünnschicht-Solarzellen

Kenngröße	Einfache Solarzelle 1	Erweiterte Solarzelle 2	Solarmodul
A_{SZ}	$7{,}15 \cdot 10^{-3}$ m^2	$7{,}15 \cdot 10^{-3}$ m^2	-
A_{SM}	-	-	1,43 m^2
U_{mpp}	622 mV	495 mV	99 V
I_{mpp}	1,086 A	0,9 A	0,9 A
P_{mpp}	675 mW	445,5 mW	89,1 W
FF	0,796	0,559	0,559
η	9,44 %	6,23 %	6,23 %

stärke E_e. In der Schaltung von Abb. 9.12 wird der Kurzschluss von $U(R_{L2}) = 0$ mit der Eingabe des Parameters $R = 1$ pA gut angenähert. Somit gerät der Serienwiderstand R_S auf Masse. Die Gl. 9.6 beschreibt den Strom der Konstant-Strom-Quelle I_{K2}.

$$I_{K2} = I_{D2} + I_{RP} + I_{RS} \tag{9.6}$$

Dabei gelten die Beziehungen: $I_{RS} = I_{sc}$ und $U_{D2} = I_{RS} \cdot R_S$. Daraus folgt Gl. 9.7, siehe auch [3].

$$I_{K2} = I_S \cdot \left[exp\left(U_{D2} / U_T \right) - 1 \right] + U_{D2} / R_P + I_{RS} \tag{9.7}$$

Für $R = 1$ pA liefert die Arbeitspunktanalyse (bias point) für die Standard-Bedingungen die Werte: $I_{K2} = \mathbf{1{,}195}$ **A**, $I_{D2} = \mathbf{1{,}354}$ **nA**, $I_{RP} = \mathbf{65{,}25}$ **mA** und $I_{RS} = \mathbf{1{,}13}$ **A**.

Zur Darstellung von $I_{sc} = f(E_e)$ ist die Analyse mit $R = 1$ pΩ wie folgt auszuführen:

Analyse DC Sweep, current source, Name: IK2, linear, Start value: 0, End value: 1,195, Increment: 1m, Plot, Axis Settings, Axis Variable: I(RS)*884.96, Trace, Add Trace: I(RS).

Für die Abszisse gilt: $E_e = x \cdot I_{sc} = 884{,}96$ V/m$^2 \cdot 1{,}13$ A $= 1000$ W/m^2.

Die Abb. 9.17 zeigt, dass der Kurzschlussstrom I_{sc} linear mit der Bestrahlungsstärke E_e ansteigt. Für die betrachtete Solarzelle wird somit $I_{sc} = I(RS) = 1{,}13$ A bei $E_e = 1000$ W/m^2 erreicht.

Die Abhängigkeit der Leerlaufspannung U_{oc} von der Bestrahlungsstärke E_e erfordert die Parameter-Eingabe $R = 1$ TΩ. Damit wird die Leerlaufbedingung $I(V(RL2) = 0$ praktisch erfüllt. Es gilt Gl. 9.8 nach [3].

$$U_{oc} = U_T \cdot ln\left[\frac{\left(I_{K2} - U_{oc}/R_P\right)}{IS} + 1\right] \tag{9.8}$$

Um die Leerlaufspannung $U_{oc} = 0{,}705$ V für Gl. 9.8 zu erhalten, sind $I_{K2} = 1{,}4$ A und $R = 1$ TΩ in der Schaltung nach Abb. 9.12 einzustellen.

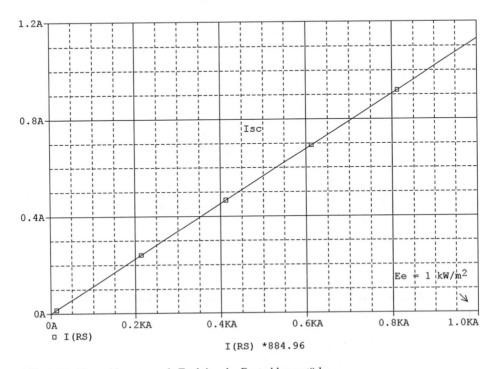

Abb. 9.17 Kurzschlussstrom als Funktion der Bestrahlungsstärke

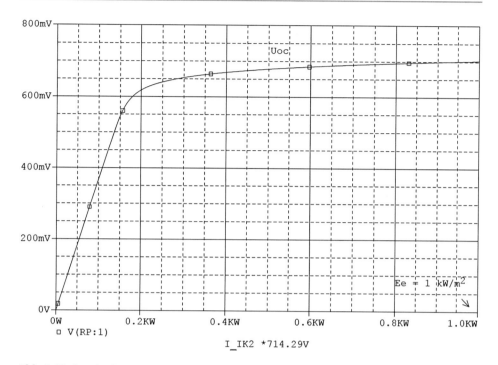

Abb. 9.18 Leerlaufspannung als Funktion der Bestrahlungsstärke

Analyse DC Sweep, Current source, Name: IK2, Linear, Start value: 0, End value: 1,4 A, Increment: 1m, Plot, Axis Settings, Axis variable: I(IK2)*714,29 V, Trace, Add Trace, V(RP:1).

Die Bestrahlungsstärke $E_e = 1\ \text{kW/m}^2 = I_{K2} \cdot x$ wird mit $I_{K2} = 1{,}4$ A und $x = 714{,}29$ V/m² erreicht. Die Abb. 9.18 zeigt den nicht linearen Anstieg der Leerlaufspannung bei wachsender Bestrahlungsstärke gemäß der Gl. 9.8.

Literatur

1. SCHOTT Solar GmbH: Datenblatt des Solarmoduls ASE-100-GT-FT/K, Alzenau
2. Goetzberger, A. und Mitautoren: Sonnenenergie: Photovoltaik, B. G. Teubner, Stuttgart, (1994)
3. Baumann, P., Möller, W.: Schaltungssimulation mit Design Center, Fachbuchverlag Leipzig-Köln GmbH, (1994)
4. Wagemann, H.-G., Eschrich, H.: Grundlagen der photovoltaischen Energiewandlung, B. G. Teubner, Stuttgart, (1994)
5. Hanwha Q Cells GmbH: Datenblatt der Solarzelle Q6LMXP3-G3, Bitterfeld-Wolfen
6. Bosch Solar Energy AG: Datenblatt zum Dünnschicht Solarmodul a-Si 80 (Stand: 01.04.2010)

Printed in the United States
by Baker & Taylor Publisher Services